Dong

Turbulence dans les plasmas de vent solaire et tokamaks

Yue Dong

Turbulence dans les plasmas de vent solaire et tokamaks

Presses Académiques Francophones

Impressum / Mentions légales

Bibliografische Information der Deutschen Nationalbibliothek: Die Deutsche Nationalbibliothek verzeichnet diese Publikation in der Deutschen Nationalbibliografie; detaillierte bibliografische Daten sind im Internet über http://dnb.d-nb.de abrufbar.
Alle in diesem Buch genannten Marken und Produktnamen unterliegen warenzeichen-, marken- oder patentrechtlichem Schutz bzw. sind Warenzeichen oder eingetragene Warenzeichen der jeweiligen Inhaber. Die Wiedergabe von Marken, Produktnamen, Gebrauchsnamen, Handelsnamen, Warenbezeichnungen u.s.w. in diesem Werk berechtigt auch ohne besondere Kennzeichnung nicht zu der Annahme, dass solche Namen im Sinne der Warenzeichen- und Markenschutzgesetzgebung als frei zu betrachten wären und daher von jedermann benutzt werden dürften.

Information bibliographique publiée par la Deutsche Nationalbibliothek: La Deutsche Nationalbibliothek inscrit cette publication à la Deutsche Nationalbibliografie; des données bibliographiques détaillées sont disponibles sur internet à l'adresse http://dnb.d-nb.de.
Toutes marques et noms de produits mentionnés dans ce livre demeurent sous la protection des marques, des marques déposées et des brevets, et sont des marques ou des marques déposées de leurs détenteurs respectifs. L'utilisation des marques, noms de produits, noms communs, noms commerciaux, descriptions de produits, etc, même sans qu'ils soient mentionnés de façon particulière dans ce livre ne signifie en aucune façon que ces noms peuvent être utilisés sans restriction à l'égard de la législation pour la protection des marques et des marques déposées et pourraient donc être utilisés par quiconque.

Coverbild / Photo de couverture: www.ingimage.com

Verlag / Editeur:
Presses Académiques Francophones
ist ein Imprint der / est une marque déposée de
OmniScriptum GmbH & Co. KG
Heinrich-Böcking-Str. 6-8, 66121 Saarbrücken, Deutschland / Allemagne
Email: info@presses-academiques.com

Herstellung: siehe letzte Seite /
Impression: voir la dernière page
ISBN: 978-3-8416-2378-2

Zugl. / Agréé par: Palaiseau, Ecole Polytechnique, 2014

Abstract

This thesis takes part in the study of spectral transfers in the turbulence of magnetized plasmas. We will be interested in turbulence in solar wind and tokamaks. Spacecraft measures, first principle simulations and simple dynamical systems will be used to understand the mechanisms behind spectral anisotropy and spectral transfers in these plasmas.

The first part of this manuscript will introduce the common context of solar wind and tokamaks, what is specific to each of them and present some notions needed to understand the work presented here.

The second part deals with turbulence in the solar wind. We will present first an observational study on the spectral variability of solar wind turbulence. Starting from the study of Grappin et al. (1990, 1991) on Helios mission data, we bring a new analysis taking into account a correct evaluation of large scale spectral break, provided by the higher frequency data of the Wind mission. This considerably modifies the result on the spectral index distribution of the magnetic and kinetic energy. A second observational study is presented on solar wind turbulence anisotropy using autocorrelation functions. Following the work of Matthaeus et al. (1990); Dasso et al. (2005), we bring a new insight on this statistical, in particular the question of normalisation choices used to build the autocorrelation function, and its consequence on the measured anisotropy. This allows us to bring a new element in the debate on the measured anisotropy depending on the choice of the referential either based on local or global mean magnetic field.

Finally, we study for the first time in 3D the effects of the transverse expansion of solar wind on its turbulence. This work is based on a theoretical and numerical scheme developped by Grappin et al. (1993); Grappin and Velli (1996), but never used in 3D. Our main results deal with the evolution of spectral and polarization anisotropy due to the competition between non-linear and linear (Alfvén coupling, solar wind transverse expansion) mechanisms. Comparison with observations prooves the efficiency of this model.

The third and last part deals with spectral transfers in tokamaks. The GYSELA simulation and the turbulence in this model will be introduced to the reader. We bring a new diagnostic tool aimed at the understanding of the radial transport of turbulence in the sheared magnetic field of a tokamak. We bring new elements to the question of spectral organisation of avalanches. The toroïdal coupling is known to relax the energy from ITG instabilities into ballooning modes. We debate its role in the radial propagation of avalanches. We also bring a new reduced model to try and understand these different turbulent mechanisms with minimal hypothesis.

Résumé

Cette thèse s'inscrit dans le cadre de l'étude des transferts spectraux dans la turbulence des plasmas magnétisés. En particulier, nous nous intéressons ici à la turbulence dans le vent solaire et à la turbulence dans les tokamaks. Nous nous appuyons sur des observations spatiales, des simulations premiers principes et des systèmes dynamiques simples pour comprendre l'anisotropie et les transferts spectraux dans ces plasmas.

La première partie de cette thèse s'attache à introduire le contexte commun, puis spécifique à chacun de ces deux domaines et présenter les notions nécessaires à la compréhension du travail présenté.

La seconde partie traite de la turbulence dans le vent solaire. Nous présentons premièrement un travail observationnel sur la variabilité des spectres de la turbulence dans le vent solaire. Nous reprenons avec les données des sondes Helios et Wind l'analyse de Grappin et al. (1990, 1991) faite sur la mission Helios en tenant compte correctement de la cassure spectrale à grande échelle ce qui modifie considérablement le résultat et en particulier resserre la distribution des pentes spectrales autour du couple (5/3,3/2) pour le champ magnétique et le champ de vitesse. Un second pan observationnel du travail sur le vent solaire a été d'étudier l'anisotropie de la turbulence dans le vent solaire en utilisant l'outil de la fonction d'autocorrélation. Nous nous inscrivons dans la suite des travaux de Matthaeus et al. (1990); Dasso et al. (2005) sur la fonction d'autocorrélation. Nous proposons de nouveaux diagnostics sur les méthodes statistiques utilisées, notamment les normalisations, pour construire les fonctions d'autocorrélation et examinons les conséquences de ces normalisations sur la mesure de l'anisotropie. Nous apportons également un élément nouveau dans le débat sur la mesure de l'anistropie de la turbulence dans les repères liés au champ magnétique moyen local ou global.

Enfin, nous étudions pour la première fois en 3D, les effets de l'expansion transverse du vent solaire sur sa turbulence. Ce travail utilise un schéma théorique et numérique (boîte en expansion) mis au point par Grappin et al. (1993); Grappin and Velli (1996), mais jamais utilisé à 3D. Nos résultats principaux concernent l'évolution de l'anisotropie spectrale et de composante dans le vent, résultant de la compétition entre effets non-linéaire et linéaires (effet Alfvén, expansion du vent). La comparaison avec les observations montre l'efficacité du modèle. Nous décrivons également un nouveau modèle en couche qui permet d'expliquer simplement nos résultats.

La troisième et dernière partie traite des transferts spectraux dans la turbulence de tokamak. Nous présentons au lecteur le code de simulation GYSELA et les mécanismes de la turbulence qui y règne. Nous apportons un nouveau diagnostic numérique pour comprendre les mécanismes de transferts radiaux de l'énergie dans le cadre du champ magnétique cisaillé du tokamak. Nous apportons de nouveaux éléments de réponse à la question de l'organisation spectrale des avalanches. En plus du rôle connu du couplage toroïdal dans la relaxation de l'apport d'énergie des instabilités ITG vers les modes de ballonnement, nous étudions sa place dans la propagation radiale des avalanches. Nous présentons également un modèle réduit original pour expliquer de manière minimale les régimes de turbulence rencontrés.

Merci à tous,

Merci Roland. Merci Roland pour m'avoir accepté en thèse lorsque je suis venu te voir avec mes idées floues, merci de m'avoir aidé et soutenu, encouragé et corrigé, durant ces trois années. Parfois j'ai été impatient, parfois j'ai été démotivé, parfois contrarié, parfois même un peu feignant, souvent, je n'ai pas été d'accord. Presque toujours j'ai eu tort... Mais à chaque fois tu m'as appris à raisonner avec rigueur, persévérance et diplomatie. Merci pour tout cela, pour ces trois inoubliables années. Et bien sûr merci à toi Andrea, pour m'avoir montré le chemin de la turbulence dans le vent solaire, pour m'avoir accompagné autant qu'encadré dans notre périple, et pour toutes nos très souvent fructueuses et toujours passionnantes discussions.

Merci à toi Yanick d'avoir toujours été présent pour mes tribulations sur la partie fusion de ma thèse. J'ai toujours beaucoup appris de nos échanges et grandement apprécié ta rigueur, ta pédagogie et ta patience à l'occasion de mes réflexions discontinues sur le sujet des transferts spectraux dans les tokamaks. Et bien sûr merci Xavier pour nos nombreuses discussions et ton regard éclairé sur les méandres de mon sujet.

Je souhaite remercier ici les membres de mon jury de thèse, et en particulier Monsieur Jean-Marcel Rax, président du jury et mes rapporteurs Messieurs Wolf-Christian Müller et Marco Velli pour m'avoir relu et apporté leur point de vue critique à ma thèse. Merci à Özgür également pour les discussions toujours éclairées et pleines d'idées que nous avons eues sur les deux parties au final faiblement connexes de mon sujet. Et pour cette inoubliable et chaotique conférence à Istanbul !

Merci à toute l'équipe Gysela pour leur aide et la superbe ambiance pendant les séjours méridionaux de ma thèse. Merci à Virginie et Chantal pour avoir toujours été présentes lors de mon introduction à Gysela (je n'ai été guère plus loin que le stade introductif). Merci pour la "direction collégiale" des permanents de l'équipe qui ont tous su porter un regard bienveillant et des contributions précieuses lors de mes passages épisodiques, merci à vous Guilhem, Philippe, Guillaume et tous les autres.

Un labo ne serait pas grand chose sans ses jeunes, et j'aimerai qu'ils soient remerciés ici à leur juste valeur. Merci aux jeunes du LPP, cités dans le désordre particulier qui seul peut rendre honneur à l'ambiance polychrome de cette équipe : merci à Vincent, bon courage pour la suite, à Malik, merci pour ta bonne humeur toujours au rendez-vous, à Nico, plein de philosophie, un grand merci à Pascaline, pour le jeu de rôle mais aussi tout le reste, merci tout plein à Christelle, pour avoir partagé cette aventure avec moi, merci à Lucile, pour ta gentillesse, à Alexandros, Lina et Khurom pour la bonne ambiance et les confs passées ensemble, à Andrei, puisses-tu toujours être plein d'idées révolutionnaires, à Nico, cher cobureau, à Sergei et Claudia, pour la bonne humeur, à Sumire, Chihiro, Katy, Judith, for your cheerfulness and good spirits, à Sto et Pierre, pour créer l'ambiance dans l'équipe fusion, à Mickael, Jonathan, Wabb, entre autres pour le foot, même si j'ai pas été très assidu, merci à Trevor, Rodrigue, Zixian pour l'aventure et merci non moins aux moins jeunes (en apparence) : Nicole, Pascale, Gérard, Fouad, Laurence, Colette et Maryline et tous les autres que j'ai pu oublié.

Merci à l'équipe de Cadarache, merci à Antoine le grand frère, à bientôt, merci à Timo, notre joyeux japonais, à David, pour nos nombreuses discussions, à Jérémie, pour ta bonne humeur inaltérable, merci à Thomas, le meilleur cobureau, pour nos discussions passionnantes et même fructueuses, bon voyage, à François, pour m'avoir initié aux Sextius d'arrivée et de départ, pour ta bonne humeur sans faille et pour l'ambiance fantastique que tu mets, à Fabien, à Damien, pour avoir repris le flambeau, à Clothilde, pour ton sourire, à Hugo, à Pierre, à Dmitro, à Alexandre pour l'ambiance, à Farah, à Grég. A tout le monde, à bientôt !

Pour tous mes amis qui m'ont soutenu pendant ces trois années, me demandant gentiment ce que je faisais vraiment pendant ma thèse, cet obscur sujet sur le nucléaire ou les aurores boréales, je profite de cette occasion pour vous remercier, JB, Océane, Marjorie et Nanou, Thomas, Géraldine, Laura et Michel, Benjamin, Ocan et les autres merci à tous pour avoir apporté à mes trois années de thèse les échappées tant bienvenues au cours de ce travail que l'on s'approprie tant que parfois il nous accapare à lui. Et je souhaite une expérience aussi enrichissante que ma mienne pour ceux qui ont entrepris la courageuse aventure.

Enfin, un grand merci qui ne pourrait représenter ma gratitude pour mes parents pour tout. 最后，为了一切，谢谢我亲爱的李越，谢谢你的帮助和支持.

Merci à tous, et bonne lecture.

Table des matières

Première partie

Turbulence, transport et propagation dans les plasmas chauds magnétisés : Introduction au Vent Solaire et aux Tokamaks

CHAPITRE 1

Ce qui est commun au vent solaire et aux tokamaks

Dans ce chapitre, nous introduirons quelques notions d'ordre général qui sont communs au monde du vent solaire et des tokamaks. Nous y présenterons brièvement les plasmas, la turbulence et les différents régimes de modélisation de ces plasmas.

1.1 Qu'est-ce qu'un plasma ?

On regroupe communément les états de la matière en trois familles : solide, liquide et gazeux. Le plasma, qui partage certaines propriétés avec l'état gazeux, est considéré comme le quatrième état de la matière. Il est caractérisé par le fait qu'une portion de ses atomes sont ionisés. Les électrons et les ions présentent des comportements bien distincts, et le milieu devient très sensible aux champs électromagnétiques.

Un paramètre caractérisant d'un plasma est son degré d'ionisation, qu'on écrit $\alpha = n_e/(n_e + n_n)$. Il est principalement contrôlé par la température. On s'intéressera dans cette thèse, à des plasmas chauds, entièrement ionisés, et aux comportements des ions et des électrons comme deux populations distinctes, sans possibilité de recombinaison.

Nous nous intéresserons dans ce manuscrit aux structures qui se construisent dans les plasmas en raison de leurs interactions avec les champs électromagnétiques. La susceptibilité du plasma à réagir à un champ magnétiques est donnée par le rapport du la pression thermique à la pression magnétique. On définit ainsi le paramètre β tel que :

$$\beta = \frac{8\pi n k_B T}{B^2} \tag{1.1}$$

dans les unités *cgs*, où n est la densité, k_B la constante de Boltzmann, T la température et B l'amplitude du champ magnétique. Si le β est très faible, l'énergie magnétique domine l'énergie cinétique dans le plasma. La matière sera alors fortement influencée par le champ. Alors que si au contraire le β est très fort, la matière imposera la dynamique du champ magnétique. Le vent solaire présente un β de l'ordre de 1 et les tokamaks présentent un β faible devant 1. Nous discuterons plus en avant des conséquences de ces paramètres plasmas sur nos choix de modélisation.

1.2 Qu'est-ce que la turbulence ?

La turbulence pourrait être définie comme le mécanisme le plus efficace utilisé par la nature pour effectuer des échanges entre différentes échelles. Ce mécanisme très général apparaît dans de nombreux domaines notamment au sein des fluides. Dans la vie de tous les jours, la turbulence est le mécanisme qui permet au café de se refroidir, à l'air ou à l'eau de ralentir les objets qui s'y meuvent ou encore aux nuages d'arborer les formes les plus imaginatives. Un fluide turbulent est caractérisé par un mouvement d'apparence désordonné, difficilement prévisible et d'interactions indirectes entre différentes échelles de grandeur. Ces nombreuses particularités la rendent intrinsèquement difficile d'approche.

1. Les phénomènes turbulents sont non-linéaires, donc essentiellement autocohérents, c'est-à-dire que leur état est déterminé par le jeu non-linéaire des interactions internes et ne dépend principalement pas d'une force extérieure.

2. La turbulence mélange différentes régions spatiales et surtout différentes régions spectrales. Cela introduit un vaste spectre d'échelles et de fréquences qui en rend la simulation numérique directe très difficile, demandant un détail fin des structures petites échelles tout en permettant d'étudier leurs interactions avec les plus grandes échelles du système.

Dans les tokamaks comme dans le vent solaire, nous étudierons comment la turbulence transporte l'énergie des grandes échelles aux petites échelles, comment ce mécanisme est contraint par les environnements particuliers du vent solaire et des tokamaks, et comment éventuellement, dans le cas des tokamaks, les petites échelles vont à leur tour influencer les structures macroscopiques.

1.3 Description d'un plasma turbulent

Dans les plasmas que nous étudions, la densité des particules très faible (de l'ordre de 10^{14} cm^{-3} dans les coeurs de tokamak et de 1 cm^{-3} dans le vent solaire) si bien que les distances entre particules sont largement supérieures à la longueur de de Broglie. Les vitesses des particules mises en jeu dans le vent solaire ou dans les tokamaks sont également inférieures à la vitesse de la lumière de plusieurs ordres de grandeur. (Certaines particules rapides dans les tokamaks peuvent présenter des vitesses relativistes, mais elles sont en très petit nombre et leur physique est très éloignée des phénomènes que nous étudierons dans cette thèse.) Nous pouvons alors traiter notre système dans un cadre classique, ni quantique ni relativiste.

1.3.1 L'équation de Vlasov, pierre angulaire de l'étude des plasmas

Le modèle le plus simple formellement est le *modèle à N corps*. Il consiste à écrire pour chaque particule du système une équation de Newton indépendante qui décrit ses interactions avec toutes les autres particules du système. Si on voulait faire cela, il faudrait par exemple pour le vent solaire écrire N équation à N termes où N est le nombre de particules dans le vent. Si on limite le vent à la distance Terre-Soleil, et qu'on estime (très approximativement) la densité du vent à $1 cm^{-3}$, cela reviendrait tout de même à de l'ordre de $N = 10^{40}$ particules. Même pour un tokamak qui est beaucoup plus petit, cela reviendrait à $N = 10^{20}$ particules environ. Autant dans un tokamak que dans le vent solaire, une telle approche est évidemment impraticable.

Pour rendre ce système plus accessible, on définit la fonction de distribution qui est la densité de particule en fonction de la position dans l'espace réel et de la vitesse dans l'espace des phases. Au lieu de prendre chaque particule indépendamment, on choisit de considérer la distribution $f_s(\mathbf{x}, \mathbf{v}, t)$ où s est l'indice de l'espèce.

L'équation de Vlasov s'écrit pour chaque espèce, en négligeant les collisions :

$$\partial_t f + \mathbf{v} \cdot \partial_x f + \frac{q}{m}(\mathbf{E} + \mathbf{v} \times \mathbf{B}) \cdot \partial_v f = 0 \tag{1.2}$$

où q est la charge de l'espèce et m sa masse.

1.3.2 L'approche gyrocinétique pour l'étude des tokamaks

Hypothèse gyrocinétique pour tokamak

Lorsque l'on étudie les tokamaks, la fréquence de collision est très faible. Le libre parcours moyen typique d'une particule est supérieur de plusieurs ordres de grandeur à la taille des machines. Dans une telle situation, la déviation à l'équilibre thermodynamique du plasma, c'est-à-dire la déviation à la maxwellienne de la fonction de distribution, nous pousse à considérer une approche cinétique pour étudier le plasma de tokamak. Cependant l'approche cinétique 6D (3 dimensions d'espace, 3 dimensions de vitesse) reste coûteuse numériquement et aux limites des capacités des machines actuelles.

- En raison du champ magnétique intense dans les tokamaks ($\beta \approx 0.04$), le rayon de Larmor est faible. En l'occurence, les expériences montrent que le rayon de Larmor ρ_c est petit (d'environ un ordre de grandeur) devant l'échelle caractéristique de la micro-turbulence que nous souhaitons étudier et d'autant plus devant les échelles caractéristiques des gradients de densité et de température d'équilibre $L_n = |\nabla \ln(n_0)|^{-1}$ et $L_T = |\nabla \ln(T_0)|^{-1}$.

- Pour la même raison (champ magnétique intense), la fréquence cyclotronique Ω_s est élevée devant la fréquence caractéristique de la micro-turbulence $\omega_{turb} \sim v_{th}/L_T = (\rho_c/L_T)\Omega_s \ll \Omega_s$.

Ces deux ingrédients nous permettent de faire appel au formaliste gyrocinétique pour réduire d'une dimension (le mouvement cyclotronique) la taille de l'espace à modéliser. D'autres hypothèses interviennent dans le formalisme utilisé :

- En raison de la grande vitesse parallèle au champ moyen des particules devant leur capacité de déplacement perpendiculaire, les distances de gradients parallèles sont très larges, $k_\parallel \ll k_\perp$ ($k_\parallel/k_\perp \sim \rho_c/qR$).

- L'énergie potentielle (liée au potentiel électrique) des particules $e\phi$ est bien faible devant l'énergie cinétique $e\phi/T \ll 1$.

- Le fluctuations de densité sont faibles, $\delta n/n_0 \ll 1$, de même que celles du champ magnétique, $\delta B/B_0 \ll 1$.

$$\frac{\omega}{\Omega_s} \sim \frac{k_\parallel}{k_\perp} \sim \frac{e\phi}{T} \sim \frac{\delta n}{n_0} \sim \frac{\delta B}{B_0} \sim \frac{\rho_c}{L_n, L_T} \sim \mathcal{O}(\rho_{\star s}) \tag{1.3}$$

Ici, $\rho_{\star s}$ est un paramètre essentiel de l'approximation gyrocinétique (s est l'indice de l'espèce), il s'agit du rapport entre le rayon de Larmor de l'espèce et le petit rayon du tokamak a.

$$\rho_\star = \frac{\rho_c}{a} \tag{1.4}$$

11

Il désigne en quelque sorte la taille normalisée de l'espace, ou encore l'espace donné à la turbulence pour se développer, comme un nombre de Reynolds. Pour les ions, $\rho_\star \sim 10^{-3}$, et pour les électrons, $\rho_\star \sim 10^{-4}$

En utilisant cet ordering, le formalisme gyrocinétique est obtenu en moyennant les équations de Vlasov le long de la trajectoire cyclotronique, ce qu'on appelle une *gyro-moyenne*. La description gyrocinétique présentée ici est présentée pour les premières fois pas (Frieman and Chen, 1981) et (Hahm, 1988).

Présentons brièvement cette méthode. Le mouvement d'une particule peut être décrit dans l'espace des phases complet avec les coordonnées spatiales $\mathbf{x}$ et de vitesse $\mathbf{v}$. Par changement de repère, et sans perte de généralité, nous pouvons décomposer la position sous la forme d'une position de *gyro-centre* $\mathbf{x}_G$ et d'une *gyromotion* ρ_c autour du champ magnétique, tel que :

$$\mathbf{x} = \mathbf{x}_G + \overrightarrow{\rho}_c \tag{1.5}$$

où $\overrightarrow{\rho}_c = \rho_c \cos\varphi_c \mathbf{e}_{\perp 1} + \rho_c \sin\varphi_c \mathbf{e}_{\perp 2}$ où φ_c décrit l'angle de gyration et $\mathbf{e}_{\perp 1}$ et $\mathbf{e}_{\perp 2}$ sont deux vecteurs unitaires qui complètent le repère formé par la direction du champ magnétique $\mathbf{b}$. Le mouvement de gyromotion est une rotation rapide autour de la ligne de champ magnétique, à la fréquence cyclotronique $\Omega_s = eB/m$ et avec un rayon $\rho_c = m v_\perp(t)/eB$.

L'approche gyrocinétique consiste alors à moyenner les équations du système sur le *mouvement* cyclotronique. Remarquons bien que si ce mouvement cyclotronique peut effectivement être indexé par la variable φ_c, la gyromoyenne n'est nullement une intégration dans l'espace des phases sur la variable φ_c, mais devrait plutôt être vu comme une moyenne dans l'espace sur un cercle dans le plan perpendiculaire au champ magnétique, de centre le gyrocentre et de rayon le rayon de Larmor. Ce dernier dépendra quant à lui de la vitesse de gyration, qui est relié au moment magnétique $\mu = m v_\perp^2/2B$. Donc cette moyenne dans l'espace dépendra en réalité de la variable de vitesse de la particule.

Du point de vue mathématique, on peut développer cette moyenne à tous les ordres en $\omega/\Omega \sim \rho_\star$. Le premier ordre en $\rho_\star$ donne l'opérateur de gyromoyenne suivant :

$$\overline{A} \equiv \oint_{\rho_c = cste} \frac{d\varphi_c}{2\pi} A(x) \tag{1.6}$$

Notons que cette intégrale est effectuée en supposant le rayon de larmor constant. Si on développe en série de Taylor un champ $A(\mathbf{x})$ autour de la position de gyrocentre, $A(\mathbf{x}) = e^{\rho_c \cdot \boldsymbol{\nabla}} A|_{\mathbf{x}_G}$:

$$\overline{A} = \int_0^{2\pi} \frac{d\varphi_c}{2\pi} e^{\rho_c \cdot \boldsymbol{\nabla}} A|_{\mathbf{x}_G} \tag{1.7}$$

Si maintenant, on passe dans l'espace de Fourier :

$$\overline{A} = \iiint \frac{d^3 k}{(2\pi)^2} \left[\oint \frac{d\varphi_c}{2\pi} e^{ik_\perp \rho_c \cos\varphi_c} \right] \hat{A}(\mathbf{k}) e^{i\mathbf{k}.\mathbf{x}_G} \tag{1.8}$$

$$\overline{A} = \iiint \frac{d^3 k}{(2\pi)^2} e^{i\mathbf{k}.\mathbf{x}_G} \left(J_0(k_\perp \rho_c) \hat{A}(\mathbf{k}) \right) \tag{1.9}$$

$$\overline{A} \equiv J_0 \cdot A \tag{1.10}$$

où J_0 est la fonction de Bessel du premier ordre. On notera aussi $J_0 \cdot A$ la gyromoyenne de A.

Une dernière remarque sur la gyromoyenne : même si A ne dépend pas de la phase (par exemple $A = A(\mathbf{x})$), $J_0 \cdot A \neq A$. En particulier, $J_0^2 \neq J_0$ et J_0 n'est pas un projecteur.

Donc contrairement à ce qui peut être pensé, J_0· n'est pas la projection de l'espace 6D sur un espace à 5 dimensions en moyennant sur la phase φ_c.

L'application de la *gyromoyenne* nous permet de réduire l'équation de Vlasov 6D aux équations gyrocinétiques qui régissent l'évolution de la fonction de distribution de centre-guide $\overline{F}(\mathbf{x}_G, v_{G\parallel}, \mu, t)$ dépendant de la position de centre guide $\mathbf{x}_G$, de la vitesse parallèle $v_{G\parallel}$ et du moment magnétique $\mu = mv_\perp^2/2B$. Le lien entre fonction de distribution des particules et fonction de distribution de gyrocentre n'est pas direct. Ainsi, à $\mathbf{x}_G$ identique, lorsque l'on parcourt la variable de vitesse μ, $\overline{F}(\mathbf{x}_G, v_{G\parallel}, \mu)$ représente des moyennes à des positions différentes (sur des cercles concentriques de rayons différents) de $F(\mathbf{x}, \mathbf{v})$.

Formalisme gyrocinétique

L'équation de Vlasov dans sa version gyrocinétique s'écrit (voir le cours de Sarazin (2011)) :

$$\frac{\partial \overline{F}}{\partial_t} + v_{G\parallel}\nabla_\parallel \overline{F} + \mathbf{v}_{G\perp} \cdot \boldsymbol{\nabla}_\perp \overline{F} + \dot{v}_{G\parallel}\frac{\partial \overline{F}}{v_{G\parallel}} = 0 \qquad (1.11)$$

Nous détaillerons les termes de cette équation dans le chapitre consacré aux tokamaks 3.2.3.

Dans la limite adiabatique, qui correspond à $\rho_\star \ll 1$ (voir eq. (1.3)) (dans la suite, nous parlerons des ions et n'écrirons plus l'indice s de l'espèce), le moment magnétique μ est un invariant du mouvement. On l'appelle l'invariant adiabatique.

Nous verrons dans le chapitre 3.2 comment ce formalisme peut être appliqué à la description des mécanismes de la turbulence dans les plasmas de tokamak.

1.3.3 La magnétohydrodynamique pour l'étude du vent solaire

Les paramètres du plasma de vent solaire en font un plasma difficile à traiter correctement. Le libre parcours moyen du vent solaire est proche de la taille du système. Donc les collisions ne permettent pas de ramener la fonction de distribution vers une maxwellienne, et il est difficile de justifier une approche fluide, au contraire, ce sont des instabilités cinétiques (firehose, ion-cyclotron, effet Landau, etc) qui imposent la forme de la fonction de distribution. Actuellement, les choix numériques accessibles sont aux deux extrêmes : premièrement une approche cinétique ou hybride pour étudier le plasma à l'échelle locale. Cette approche est souvent utilisée pour étudier la dissipation et le chauffage dans le vent solaire. Deuxièmement une approche magnétohydrodynamique (MHD) pour étudier les structures macroscopiques de la turbulence et représenter une plus grande partie du vent solaire.

Bien que la MHD soit incapable de bien représenter la physique microscopique du vent solaire, c'est l'approche que nous choisissons car l'objet de notre étude est la turbulence grande échelle. A condition que les petites échelles soient dissipées efficacement, ce sont les mécanismes régissant la turbulence des grandes échelles qui nous intéressent. Dans le contexte des questions à propos de la dissipation du vent solaire et son chauffage turbulent, étudier le flux turbulent des grandes échelles permet, même s'il ignore entièrement le détail du mécanisme dissipatif, de répondre à la question de l'intensité du chauffage turbulent "par la source". Dans la mesure où toute l'énergie qui alimente la cascade turbulente finit en dissipation, cela apporte *de facto* des éléments de réponse à la question de l'intensité du chauffage turbulent.

Les équations classiques de la MHD compressible s'écrivent :

$$\partial_t \rho + \boldsymbol{\nabla} \cdot (\rho \mathbf{v}) = 0 \tag{1.12}$$

$$\partial_t \mathbf{v} + \mathbf{v} \cdot \boldsymbol{\nabla} \mathbf{v} + \frac{1}{\rho} \boldsymbol{\nabla} P + \frac{1}{\rho} \mathbf{B} \times \boldsymbol{\nabla} \times \mathbf{B} = 0 \tag{1.13}$$

$$\partial_t P + \frac{5}{3} P \boldsymbol{\nabla} \cdot \mathbf{v} = 0 \tag{1.14}$$

$$\partial_t \mathbf{B} - \mathbf{B} \cdot \boldsymbol{\nabla} \mathbf{v} + \mathbf{B} \boldsymbol{\nabla} \cdot \mathbf{v} = 0 \tag{1.15}$$

$$\boldsymbol{\nabla} \cdot \mathbf{B} = 0 \tag{1.16}$$

Dans le chapitre 6, nous étudierons une version modifiée des équations de la MHD pour prendre une compte un repère entraîné dans le vent solaire et soumis à une étirement transverse.

1.3.4 Les modèles en couche pour l'étude des plus larges gammes d'échelles

Les *modèles en couches*, (en anglais *shell models* sont des modélisations des énergies aux différentes échelles d'un système et des interactions entre ces différentes échelles. Pour un système, aussi complexe qu'il soit, on agrège l'énergie contenue dans une échelle donnée, par exemple entre les nombres d'onde $k_0 \delta^n$ et $k_0 \delta^{n+1}$ en un scalaire, qui est la somme de l'énergie sur cette couche dans l'espace de Fourier. Ces couches éponymes, comme des peaux d'oignon, se superposent les unes aux autres pour remplir l'espace de Fourier. Plunian et al. (2013) retrace l'histoire des modèles shells en turbulence magnétohydrodynamique. L'introduction des modèles shell en turbulence hydrodynamique date de Gledzer (1973). Le premier modèle shell MHD chaotique est introduit par Gloaguen et al. (1985). Tu et al. (1984) introduisent les premiers un modèle spectral 1D continu avec des termes d'amortissement WKB des ondes dus à l'expansion pour étudier les effets de l'expansion sur la turbulence. Une version discrète sera présentée au chapitre consacré à l'étude de la décroissance de la turbulence dans le vent solaire.

Nous retraçons maintenant les raisonnements qui ont mené au choix des hypothèses et des équations d'un modèle shell hydrodynamique.

A partir d'une équation de type Navier-Stokes, on cherche à modéliser de la manière la plus simple le terme non-linéaire, $u\nabla u$, au vu du transfert de l'énergie entre différentes échelles.

Ce transfert d'énergie entre les différentes échelles trouve son expression la plus directe dans l'espace de Fourier. Pour commencer on suppose qu'il n'y a aucune source d'anisotropie, on peut alors supposer que l'énergie dans l'espace de Fourier ne dépendra significativement que de la norme de $\mathbf{k}$. Cela ramène le problème à une dimension spectrale k.

De plus, on peut, afin d'atteindre des Reynolds grands, et afin de simplifier le problème, choisir non pas d'étudier tous les k, mais de discrétiser en intervalles logarithmiques égaux l'espace en k. Les k_n sont ainsi réparti de la manière suivante.

$$k_n = k_0 \delta^n \tag{1.17}$$

On écrira alors les équations d'évolution $u(k_n)$, où u, homogène à une vitesse, est la vitesse caractéristique de l'énergie présente à l'échelle k_n. Bien entendu, il est tout aussi possible de modéliser une densité spectrale d'énergie si nécessaire.

Ensuite, on choisit une écriture simplifiée du noyau non-linéaire $u\nabla u$. Une forme classique est celle donnée par Desnyansky et Novikov (Desnyansky and Novikov, 1974) (que nous appellerons DN dans la suite) :

$$\partial_t u_n = \alpha(-k_n u_{n-1} u_n + k_{n+1} u_{n+1}^2) + \beta(k_{n-1} u_{n-1}^2 - k_n u_n u_{n+1}) \equiv DN \qquad (1.18)$$

Sauf indication contraire, dans toutes nos simulations, on choisira $\alpha = 1, \beta = 0$, ce choix permet de modéliser uniquement les transferts directs (grandes échelles vers les petites d'énergie). Nous choisirons également $\delta = 2$.

Cela présente l'avantage de pouvoir écrire :

$$E_n = \int_{k_n}^{k_{n+1}} E(k)dk \qquad (1.19)$$

$$E_n = \int_{k_n}^{2k_n} E(k)dk \qquad (1.20)$$

$$E_n \sim k_n E(k_n) \qquad (1.21)$$

$$E_n \equiv u_n^2 \qquad (1.22)$$

Un modèle en couche minimal pour ces transferts non-linéaires entre différentes échelles pourrait s'écrire :

$$\partial_t u_n = k_n u_{n-1} u_n - k_{n+1} u_{n+1}^2 + S_n - \nu k_n^2 u_n \qquad (1.23)$$

où S_n est une source d'énergie et $\nu k_n^2 u_n$ un terme visqueux qui dissipe l'énergie des petites échelles. Cette source peut soit poser une containte comme une condition de Dirichlet aux grandes échelles

$$\forall t, u_0(t) = cste \qquad (1.24)$$

soit créer une source constante d'énergie, généralement posée aux grandes échelles. Dans le cas où $S_n = 0$, on appelera un tel modèle un modèle en décroissance qui sert à étudier l'évolution de la répartition de l'énergie à partir d'un état initial. De telles conditions seront choisies pour étudier l'évolution du spectre du vent solaire une fois que ce vent a quitté le soleil.

15

CHAPITRE 2

Turbulence, magnétisme et expansion dans le vent solaire

Sommaire

Dans ce court chapitre introductif, nous allons poser le contexte de notre travail vis-à-vis de la turbulence de vent solaire. Nous présenterons rapidement le vent solaire, puis présenterons quelques repères utiles au lecteur pour la suite du manuscrit. Nous introduirons l'origine du vent solaire, notamment sa vitesse supersonique et super-Aflvénique, la distinction entre vents lents et vents rapides, et la rotation solaire. Ces éléments nous permettrons de comprendre l'origine et la structure des plus grandes échelles du vent solaire.

2.1 Qu'est-ce que le vent solaire?

Le vent solaire est un flux de plasma qui s'échappe du Soleil à une vitesse entre 400 et 800km/s au niveau de la Terre. La vitesse du vent solaire est supersonique et super-Alfvénique. Parker (1958) proposa des solutions aux équations régissant la vitesse du vent solaire en fonction de la distance. Quatre domaines de solutions sont proposées, dans deux de ces solutions, la valeur de la vitesse est multivaluée. Dans un autre cas, la vitesse tend vers l'infini à proximité du Soleil, ce qui n'est pas physique. Enfin, la possibilité d'une vitesse subsonique (dite de *brise*) est démontrée instable aux ondes soniques de basse fréquence (Velli, 1994). La seule solution possible est un profil de vitesse *transonique* qui passe d'un vitesse subsonique à basse altitude ($R < 10R_\odot$) à une vitesse supersonique.

Weber and Davis (1967) étendent le travail de Parker au cas d'un soleil en rotation dans un champ magnétique et montre qu'au delà d'un point qu'on définit comme le rayon d'Alfvén, le vent est super-Afvénique en ce sens que la vitesse du vent est plus rapide que la vitesse de propagation des ondes d'Alfvén, les ondes ne peuvent plus remonter le vent. La point d'Alfvén se trouve entre 15 et $20R_\odot$.

Ce plasma du vent solaire varie en vitesse, en température, en densité, en amplitude de champ magnétique en fonction de nombreux paramètres, dont l'activité solaire, l'origine du plasma dans la couronne solaire et le parcours de plasma avant d'atteindre la Terre.

Le vent solaire entraîne avec lui le champ magnétique solaire dans le système planétaire. A proximité du Soleil, le champ magnétique est suffisamment intense pour retenir le plasma et imposer un champ magnétique radial. A partir de quelques rayons solaires, le plasma chaud domine le champ magnétique et l'entraîne dans l'espace. Cette distance à laquelle s'inverse les influences entre le plasma et le champ est le rayon d'Alfvén. Avant ce rayon, les lignes de champ sont radiales et la rotation sur lui-même du Soleil entraîne le plasma dans la rotation. A partir de ce rayon les lignes de champ magnétique ne tournent plus avec le Soleil, se courbent dans une spirale qui présente l'analogie avec un arroseur rotatif, et le vent solaire présente une vitesse radiale. Cette spirale s'appelle la spirale de Parker.

Origine et composition du vent solaire, vents lents et vents rapides

Le vent solaire n'a pas une origine uniforme. Le vent solaire se forme dans les régions magnétiquement ouvertes de la couronne solaire, appelés trous coronaux. En fonction de la taille, de la latitude, de l'intensité du champ magnétique, le vent solaire sera différent. Lorsqu'il est formé dans la couronne, le vent solaire est chauffé et accéléré de différentes manières en fonction des caractéristiques (altitude, durée, amplitude des ondes) du chauffage du vent.

Dans les observation à rayon terrestre, on peut distinguer deux classes de vent, les vents rapides et les vents lents. Les vents rapides présentent une vitesse moyenne plus élevée, un champ magnétique moyen plus fort et plus constant, et une densité plus faible que les vents lents. Il a été montré par Wang et al. (1996) que les vents rapides trouvent leur origine dans les régions centrales des trous coronaux et les vents lents dans les bords des trous coronaux. Il trouve que facteur déterminant entre vent lent et rapide est le taux d'expansion magnétique de la région à l'origine du vent.

Sur la figure 2.1, on a représenté une image du Soleil au minimum solaire avec des lignes de champ extrapolées par Robbrecht and Wang (2010). On montre schématiquement l'origine des vents rapides et lents. Dans les périodes de minimum solaire, les vents rapides sont issus des pôles et les vents lents sont issus des régions largement ouvertes du champ magnétique. Ces propriétés de vent rapide ou lent se répercutent grandement sur les propriétés du vent observé loin du Soleil. L'étude du chauffage et de l'accélération du vent solaire dans la couronne est un sujet très étudié ces dernières années notamment par Ng et al. (2010), Breech et al. (2009) et Cranmer et al. (2009). L'enjeu est aussi de pouvoir prédire la nature et la puissance des jets et émissions de masse coronale en fonction de leur origine dans la couronne.

Nous verrons dans la suite comment ces deux types de vents se caractérisent également par des régimes turbulents différents, et des anisotropies différentes.

2.2 Les ondes d'Alfvén dans le vent solaire

Un type d'onde que l'on rencontre beaucoup dans le vent solaire sont les ondes d'Alfvén. Les ondes d'Alfvén sont des ondes magnétohydrodynamiques caractérisée par une oscillation du champ de vitesse et du champ magnétique qui se propage dans la direction du champ magnétique moyen (dans le cas incompressible). On peut se représenter cette onde comme la réponse des ions à une perturbation de tension sur les lignes de champ magnétique.

A partir des équations de la MHD incompressible, si on décompose le champ magnétique en une partie moyenne $\mathbf{B}_0$ et une partie fluctuante $\mathbf{b}$, on peut recombiner les équations d'évolution de la vitesse et du champ magnétique (en unité d'Alfvén) pour mettre en évidence les variables d'Elsässer qui s'écrivent :

$$\partial_t \mathbf{z}^\pm \mp (\mathbf{B}_0 \cdot \boldsymbol{\nabla}) \mathbf{z}^\pm + (\mathbf{z}^\mp \cdot) \mathbf{z}^\pm = -\boldsymbol{\nabla} p + (\nu + \eta) \boldsymbol{\nabla}^2 \mathbf{z}^\pm + (\nu - \eta) \boldsymbol{\nabla}^2 \mathbf{z}^\mp \qquad (2.1)$$

où : $\mathbf{z}^\pm = \mathbf{u} \pm \mathbf{b}$ sont les variables d'Elsässer, modes propres des ondes d'Alfvén qui se propagent dans un sens ou l'autre le long du champ magnétique. p est la pression totale, ν est la viscosité cinématique et η la diffusivité magnétique.

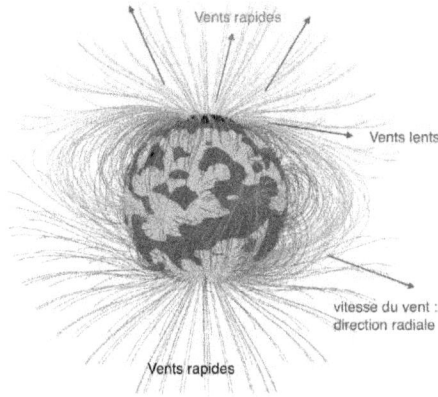

FIGURE 2.1 – Schéma simplifié de l'origine des vents lents et rapides. Champ magnétique coronal du 14 janvier 2009, tiré de Robbrecht and Wang (2010), les lignes de champ sont extrapolées à partir des mesures de surface via le modèle PFSS (champ potentiel avec source de courant à 2.5 Rayons solaires). Les vents rapides sont issus des centres des trous coronaux, où l'expansion magnétique est limitée. Les vents lents sont issus des régions périphériques des trous coronaux, où l'expansion magnétique est plus importante. Les lignes fermées (rouge) ne sont pas à l'origine de vent solaire régulier.

On appelle Alfvénicité l'équipartition entre énergie magnétique et l'énergie cinétique. Si les ondes ne sont composés que d'une seule composante z^+ ou z^-, alors l'équipartition entre énergie magnétique et cinétique est atteinte. La réciproque n'est pas vraie.

Par convention, on appelle z^+ les ondes qui s'échappent du Soleil et z^- les ondes qui se propagent vers le Soleil. A l'issue de la couronne, l'Afvénicité du plasma est forte. En effet, la plupart des fluctuations et donc des ondes ont pour origine le Soleil, les ondes d'Alfvén sont composés d'une population presque exclusivement formée de z^+.

On remarque par ailleurs dans l'équation (2.1) que les termes non-linéaires des variables d'Elsässer sont couplées entre-elles. Le couplage non-linéaire d'une variable $z^\pm$ ne peut avoir lieu qu'avec $z^\mp$. La question est alors de savoir comment la turbulence peut se développer si au départ $z^+ \gg z^-$. Nous verrons au chapitre 5 que l'expansion apporte une solution à cet apparent paradoxe.

19

Turbulence et confinement dans les tokamaks

Depuis que l'homme a compris que les étoiles tiraient leur énergie de la fusion nucléaire au début du 20e siècle, contrôler sur Terre les réactions de fusion a paru comme une étape majeure pour trouver de nouvelles sources d'énergie. Depuis le milieu du siècle, les pays du monde s'efforcent à travailler ensemble à ce vaste projet. La fusion nucléaire contrôlée au moyen du *confinement magnétique* est d'ailleurs l'une des premières collaborations internationales qui, en pleine guerre froide, a vu s'unir les pays du monde entier pour relever ce défi.

Le confinement magnétique du plasma dédié aux réactions de fusion a lieu dans un *tokamak*, acronyme russe pour "**to**roidal'naya **ka**mera s **ma**gnitnymi **k**atushkami", ou "chambre magnétique torique". Nous décrirons dans ce chapitre introductif tout d'abord en section 3.1 ce qu'est un tokamak, puis les caractéristiques spécifiques des tokamaks qui nous permettront d'appréhender les problématiques qui motivent ce travail. On passera en revue l'importance du confinement 3.2.1, les instabilités 3.2.2, et le transport d'énergie et de particules dans un tokamak 3.2.3, dans l'optique non pas d'être exhaustif sur ce vaste sujet, mais d'apporter le contexte de mon travail. Enfin nous présenterons une simulation GYSELA et les diagnostics implémentés pour se familiariser avec l'outil à la section 3.2.4.

Ce chapitre est inspiré des travaux de mes prédécesseurs Abiteboul (2012), Strugarek (2012), Zarzoso (2012), ainsi que du cours de Sarazin (2011) on pourra s'y référer pour trouver une revue sur la turbulence électrostatique dans les plasmas de tokamaks. Pour le cadre plus précis de la turbulence dans les simulations gyrocinétiques, on se référera à Garbet et al. (2010), enfin les détails de la simulation GYSELA pourront être trouvées dans Grandgirard et al. (2006).

3.1 Qu'est-ce qu'un tokamak ?

3.1.1 Réaliser la fusion nucléaire

Pour les éléments légers, au numéro atomique inférieur à celui du fer, la fusion de deux noyaux peut libérer de l'énergie. Cela est dû au fait que l'énergie de liaison du nouveau noyau (c'est à dire la profondeur du puits d'énergie qu'il faut dépasser pour briser le nouveau noyau) est plus élevée que la somme des énergies de liaison des anciens. Parmi toutes les réactions possibles pour utiliser l'énergie issue de la fusion nucléaire, celle choisie pour produire de l'énergie est celle qui a la plus grande probabilité de se réaliser aux énergies relativement basses. Cette réaction est celle mettant en jeu un noyau de deutérium (D) et un noyau de tritium (T). Cette réaction D-T s'écrit :

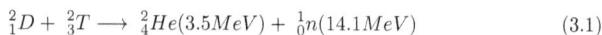

$$\begin{smallmatrix}2\\1\end{smallmatrix}D + \begin{smallmatrix}2\\3\end{smallmatrix}T \longrightarrow \begin{smallmatrix}2\\4\end{smallmatrix}He(3.5MeV) + \begin{smallmatrix}1\\0\end{smallmatrix}n(14.1MeV) \tag{3.1}$$

Le taux de réaction est à son maximum à une température de 70 keV, mais chute brutalement en dessous de 10 keV ($= 1.16 \ 10^8 K$). Pour avoir suffisamment de réactions de fusion, il faut donc porter le réactif à des températures de l'ordre de $10^8 K$. A de telles températures, les atomes d'hydrogène sont entièrement ionisés et les réactifs sont sous la forme d'un plasma.

Pour concevoir une machine de fusion qui soit positive en énergie, il faut que les réactions de fusion soient suffisamment fréquentes et nombreuses pour qu'elles compensent l'énergie apportée pour élever le plasma à de telles températures. Très schématiquement, appelons τ_E le *temps caractéristique de confinement* de la machine, c'est-à-dire le temps caractéristique au bout duquel une énergie apportée au plasma est dissipée dans les parois de la machine. Si W est l'énergie thermique contenue dans le plasma, ($W = 3/2(n_e T_e + \sum n_i T_i)$), alors $P_{\text{perte}} = W/\tau_E$ est la puissance à laquelle l'énergie s'échappe du système. On souhaite obtenir un certain *facteur d'amplification* $Q = P_{\text{fusion}}/P_{\text{add}}$, rapport entre la puissance des réactions de fusion et la puissance additionnelle apportée au système pour l'entretenir. Si par ailleurs, une partie $1/k$ de la puissance émise par les réactions de fusion pourra directement être utilisée par le plasma, la puissance additionnelle devra alors combler le manque entre cette puissance captée et la puissance perdue liée au confinement. $P_{\text{add}} = P_{\text{perte}} - P_{\text{fusion}}/k$. Le facteur d'amplification se réécrit alors

$$Q = \frac{k}{\frac{\tau_L}{\tau_E} - 1} \tag{3.2}$$

où τ_L le temps de Lawson est défini par $\tau_L = kW/P_{\text{fusion}}$ le temps nécessaire à la puissance émise par les réactions de fusion pour obtenir l'énergie confinée. On comprend alors que si le temps de Lawson est plus court que le temps de confinement, la machine est capable de s'auto-entretenir : $\tau_L = \tau_E$. La puissance de fusion peut quant à elle se déduire de la section efficace de la réaction D-T, la densité des particules et leur température. Au final, Lawson trouve en 1955 que pour obtenir un facteur d'amplification estimé suffisant pour être économiquement viable, $Q = 40$, il faut remplir une condition sur le produit :

$$nT_i\tau_E \geq 3.10^{21} keVs^{-1} \tag{3.3}$$

On voit dans ce critère l'apparition des trois éléments clefs de la fusion, la densité, la température et le temps de confinement.

De nombreuses possibilités peuvent être considérées pour satisfaire ce critère. Parmi ceux-ci, deux directions principales sont explorées. D'une part les machines à confinement

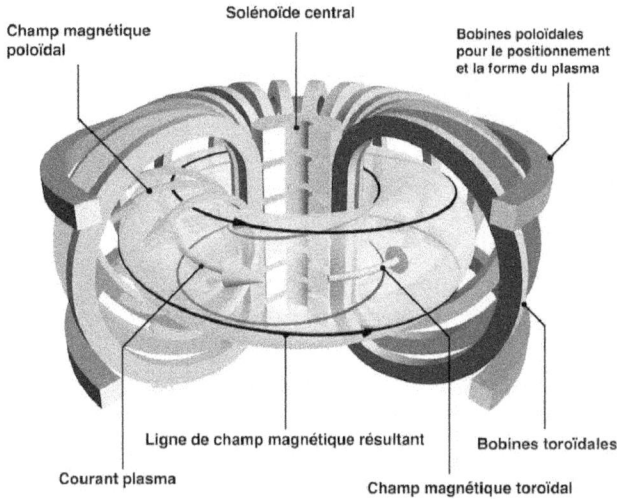

Champ magnétique poloïdal

Solénoïde central

Bobines poloïdales pour le positionnement et la forme du plasma

Ligne de champ magnétique résultant

Courant plasma

Bobines toroïdales

Champ magnétique toroïdal

FIGURE 3.1 – Schéma de la géométrie magnétique d'un tokamak. Le champ magnétique toroïdal est construit par les bobines toroïdales, le champ magnétique poloïdal est la résultante du courant plasma, lui-même résultant du solénoïde central. Source : EDFA, JET

inertiel (e.g. Laser Méga Joule, National Ignition Facility), qui visent à concentrer les réactifs à l'aide de lasers tirés sur une bille de deutérium-tritium. Ces machines présentent un temps de confinement de l'ordre de $\tau_E \sim 10^{-11}s$ mais une densité très élevée. D'autre part les machines à confinement magnétique qui visent à optimiser plutôt le temps de confinement grâce à un champ magnétique intense ($n \sim 10^{20}m^{-3}, T_i \sim 10keV, \tau_E \sim 1s$). Parmi les configurations possibles de confinement magnétique, les tokamaks sont les machines les plus étudiées à l'heure actuelle. C'est à celles-ci que nous nous intéresserons exclusivement.

3.1.2 Géométrie magnétique d'un tokamak

L'idée du confinement magnétique est de contraindre les particules à suivre une trajectoire fermée d'où l'énergie et la matière s'échapperont le plus lentement possible. Ce confinement ne peut être supporté par aucune paroi solide en raison de la température du plasma. L'idée est donc de contraindre les trajectoires des particules grâce à des champs magnétiques. Le tokamak est une machine torique dans laquelle un champ magnétique hélicoïdal, comme on peut le voir sur la figure 3.1, confine les particules. La composante toroïdale du champ (en bleu) est générée par les bobines toroïdales (en bleu). La composante poloïdale du champ (en vert), est quant à elle générée par le courant plasma (en vert au centre). En régime inductif, ce courant est généré par le solénoïde central.

Les lignes de champ magnétique résultantes s'enroulent donc autour de tores concentriques, appelées *surfaces de flux magnétiques*. Les paramètres du tokamak sont son grand rayon R_0 et son petit rayon a. Un système de coordonnées dans le tore peut être composé

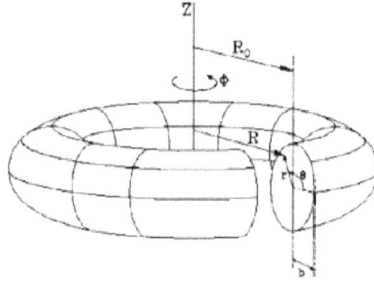

FIGURE 3.2 – Système de coordonnées dans le tokamak. Source : L. Caldas

du petit rayon r $(0 < r < a)$, de l'angle toroïdal φ et de l'angle poloïdal θ. L'angle toroïdal est ainsi celui qui court "le long" du tore alors que l'angle poloïdal "passe dans le trou du tore" à petit rayon constant (voir fig. 3.2). Des coordonnées basées sur la géométrie magnétique ne prendront pas le rayon, mais le *label* χ des surfaces de flux magnétiques comme coordonnées. Comme les surfaces magnétiques ne sont généralement ni centrées ni toriques, le label de surface magnétique est plus indiqué pour suivre les particules. Dans ce manuscrit, nous supposerons pour simplifier le problème que les surfaces magnétiques sont toriques et nous prendrons r comme coordonnée. Enfin, nous appellerons m le nombre d'onde poloïdal (associé à θ) et n le nombre d'onde toroïdal (associé à φ).

On peut se représenter le champ magnétique du tokamak comme des hélicoïdes qui font plusieurs tours toroïdaux avant de faire un tour poloïdal. Ces hélicoïdes ne se referment pas toujours. Quand elles le font, c'est à des rayons particuliers, appelés *surfaces résonantes*. Généralement, on peut écrire le champ magnétique du tokamak sous la forme :

$$\mathbf{B} = I\boldsymbol{\nabla}\varphi + \boldsymbol{\nabla}\varphi \times \boldsymbol{\nabla}\chi \tag{3.4}$$

La champ magnétique n'est pas homogène *poloïdalement*, il est ainsi plus élevé vers le centre du tore que vers le bord du tore. Si on définit $\theta = 0$ comme sur le schéma 3.2, le champ sera plus fort à $\theta = \pi$ qu'à $\theta = 0$. On suppose une symétrie cylindrique par rapport à φ de tout le système. En réalité, le nombre de bobines toroïdales étant fini, la symétrie en φ est brisée, mais nous ne nous intéresserons pas à cet aspect ici.

Un élément important de la géométrie magnétique est le facteur de sécurité q qui caractérise le taux d'enroulement des lignes de champ :

$$q = \frac{\mathbf{B} \cdot \boldsymbol{\nabla}\varphi}{\mathbf{B} \cdot \boldsymbol{\nabla}\theta} \tag{3.5}$$

où $\mathbf{B}$ est le champ magnétique total. Pour une surface magnétique (c'est-à-dire dans notre approximation, un rayon r) donné, $q(r)$ donne le nombre de tours toroïdaux effectués pour un tour poloïdal. q est situé entre 1 et 3 et est croissant dans les situations classiques, mais il peut également présenter un minimum local qui n'est pas au centre du plasma, on parle alors de profil de q inversé.

Nous allons maintenant nous intéresser au confinement des particules dans cet environnement magnétique.

3.2 Confinement, instabilités, transport

3.2.1 Le confinement dans un tokamak

La géométrie magnétique du tokamak est construite pour contraindre les trajectoires des particules à rester sur la même surface magnétique. Dans le cadre d'une trajectoire qui suit parfaitement les lignes de champ, deux phénomènes permettent aux particules de changer de surface magnétique et se déconfiner. D'une part, même si la trajectoire au premier ordre suit les lignes de champ, le mouvement régulier des particules fait que toute déviation régulière entraîne une dérive séculaire et constructive qui modifie la trajectoire particule. Ce phénomène appelé vitesses de dérive a plusieurs origines, notamment, dans le cadre électrostatique, on présentera la dérive électrique, la dérive de gradient, la dérive de polarisation. D'autre part, les collisions entre particules, bien que rares, vont permettre aux particules de changer de ligne de champ et de se déconfiner vers les parois de la machine. La théorie *néoclassique* traite du transport des particules et de la chaleur via ces collisions de particules et les échanges de surface magnétiques qui en dérivent.

Pour une particule limitée à sa surface magnétique, la distance de transfert qu'elle peut parcourir est donnée par son rayon de Larmor ρ_i de l'ordre de quelques $10^{-3}m$ selon les machines.

Par contre, certaines particules parcourent une gamme de r plus conséquente. En absence de collision, l'énergie cinétique des particules est un invariant du mouvement. Par ailleurs, le moment cinétique est un invariant du mouvement, cela signifie qu'il restera constant dans la mesure où les paramètres du mouvement varient lentement par rapport à la période cyclotronique. En conséquence, en présence d'un gradient de B, comme c'est le cas en fonction de l'angle poloïdal, l'énergie cinétique qui s'écrit $\mu B + 1/2v_{\parallel}^2$ est conservée, ce qui interdit certaines régions à haut champ magnétique. Ces particules qu'on appelle *particules piégées*, présentent une trajectoire particulière. En un mot, la conservation du troisième invariant, le moment cinétique toroïdal P_{φ} crée une vitesse radiale non-nulle dans la trajectoire de ces particules, que l'on appelle *trajectoire banane* en raison de la forme de leur trajectoire : allongée, courbe et fermée. La présence de ce décalage radial entre l'aller et le retour des particules en fait une population de choix pour un transport efficace des particules et de la chaleur. Le cadre de la théorie néoclassique, qui traite de ces trajectoires, donne alors comme distance caractéristique de diffusion l'épaisseur de ces trajectoires banane.

Cependant, les premières expériences ont montré que le transport réel dans les tokamaks est près de dix fois supérieur au transport prédit par la diffusivité néoclassique. Cette différence correspond au transport dit anormal ou turbulent. Cette turbulence qui peut être magnétohydrodynamique ou électrostatique est provoquée par des instabilités à micro-échelles (Horton, 1999), qui déforment les champs et donc les trajectoires des particules, en particulier leurs vitesses de dérive. C'est cette turbulence que nous allons étudier.

La turbulence d'une part et d'autre de l'échelle du rayon de Larmor a été étudiée du point de vue spectral et plusieurs approches ont été mises en avant, notamment dans le but d'obtenir des lois d'échelles spectrales. Schekochihin et al. (2008) s'est intéressé à la dissipation aux échelles sub-Larmor. Il avance des lois d'échelles basées sur la théorie de la balance critique pour les échelles supérieures au rayon de Larmor, et une cascade dans l'espace des phases aux rayons inférieurs, qui donnent lieu à deux lois échelles différentes. Barnes et al. (2011) utilise également un argument de balance critique pour déduire des lois d'échelles de la turbulence ITG. Enfin, Gürcan et al. (2009) a étudié un modèle shell pour comprendre les spectres expérimentaux des fluctuations de densité. Ce modèle écrit les équations de la cascade d'énergie libre, anisotrope aux grandes échelles et s'isotropisant aux petites échelles pour obtenir un spectre final en deux morceaux avec une cassure de pente au rayon de Larmor. Nous nous attacherons à éclaircir les mécanismes de cascade aux échelles supérieures au rayon de Larmor.

3.2.2 Les instabilités dans un tokamak

Les instabilités peuvent générer de la turbulence qui dégrade le confinement des tokamaks. L'objectif de ces études est alors de comprendre ces instabilités et la turbulence qui en découle pour les limiter et si possible les éliminer, permettant d'atteindre des régimes aux temps de confinement plus longs. Dans un premier temps, nous allons nous limiter aux instabilités fluides, il existe par ailleurs des instabilités cinétiques qui sont liées à des particularités des fonctions de distribution des particules. Les premières peuvent être divisées en deux classes, les instabilités liées aux pressions dans le plasma, et les instabilités liées au courant. Les instabilités liées au courant créent des perturbations électromagnétiques. Elles sont très étudiées, principalement dans le formalisme MHD. Nous ne traiterons pas de ces instabilités ici, mais nous nous focaliserons sur celles qui peuvent être décrites dans un formalisme électrostatique (pas de variation temporelle du champ magnétique).

Les instabilités liées à la pression sont, comme leur nom l'indique, causée par un gradient de pression. Elles peuvent à leur tour être développées en deux catégories. D'une part, les *instabilités d'interchange* et d'autre part les instabilités *d'ondes de dérive*. Les instabilités d'interchange présentent une forte analogie avec les instabilités de Rayleigh-Bénard, dans le cas desquels la présence d'un gradient de température et d'une force de gravité en même sens pousse deux corps de fluides à inverser leur position. Dans les tokamaks, le rôle de la température est joué par la pression, et celui de la gravité est joué par le gradient de champ magnétique. Par ailleurs, ∇B est toujours dirigé vers l'axe toroïdal du tore, alors que ∇P est dirigé vers l'axe poloïdal du tore. En conséquence, l'instabilité d'interchange n'a lieu que du côté faible champ, où gradient de pression et gradient magnétique s'alignent.

La seconde instabilité est l'instabilité d'onde de dérive. Il s'agit d'une instabilité liée au champ électrique et au gradient de densité dans le plasma. Elle se présente sous la forme d'ondes de fluctuations de densité et de potentiel électrique qui s'amplifient conjointement.

Cependant, dans le coeur des tokamaks, auquel nous nous intéressons en particulier, les microinstabiltés sont principalement excitées par un gradient de température ionique (*Ion Temperature Gradient, (ITG)*) au lieu du gradient de densité, avec des mécanismes similaires. Ce sont là les instabilités principales auxquelles nous nous intéresserons dans ce manuscrit.

3.2.3 Description gyrocinétique du plasma de tokamak

Résumons ici la dérivation de la version gyrocinétique de l'équation de Vlasov aperçue au chapitre 1.3.2. Il ne s'agit pas de redériver les résultats, mais de comprendre succinctement comment on y arrive. On pourra se référer à l'excellent cours de Sarazin (2011) pour les détails.

Strictement parlant, appliquer l'opérateur de gyromoyenne à l'équation de Vlasov mène à :

$$\partial_t \overline{F} + \frac{1}{B_\parallel^\star} \boldsymbol{\nabla}_\mathbf{z} \cdot (\dot{\mathbf{z}} B_\parallel^\star \overline{F}) = 0 \tag{3.6}$$

Où $\mathbf{z}$ est l'ensemble des 5 variables gyrocinétique, et $B_\parallel^\star$ est le jacobien de la transformation en gyrocentre. $\mathbf{v}_G$, la vitesse de centre-guide (qui est comprise dans $\mathbf{z}$) est régie par une équation de Newton de la forme :

$$\frac{d\mathbf{v}_G}{dt} = q(\mathbf{E}^\star + \mathbf{v}_G \times \mathbf{B}^\star) \tag{3.7}$$

On peut comprendre $\mathbf{E}^\star$ et $\mathbf{B}^\star$ comme les champs vus par le centre-guide. Au lieu de conserver cette équation de Newton, on peut en réalité intégrer une partie de cette évolution. On se retrouve alors à réécrire ces équations en explicitant une partie du comportement de $\mathbf{v}_G$, les vitesses de dérive $\mathbf{v}_{G\perp}$.

La nouvelle équation de Vlasov, celle que l'on utilisera par la suite, s'écrit :

$$\frac{\partial \overline{F}}{\partial_t} + v_{G\parallel}\nabla_\parallel \overline{F} + \mathbf{v}_{G\perp} \cdot \boldsymbol{\nabla}_\perp \overline{F} + \dot{v}_{G\parallel}\frac{\partial \overline{F}}{v_{G\parallel}} = 0 \tag{3.8}$$

Où $\mathbf{v}_{G\perp}$ est la *vitesse de dérive* du centre-guide.

$$\mathbf{v}_{G\perp} = \mathbf{v}_E + \mathbf{v}_g \tag{3.9}$$

$\mathbf{v}_E$ est la *vitesse de dérive électrique*, due à la présence de champ électrique.

$$\mathbf{v}_E = \frac{\mathbf{E} \times \mathbf{B}}{B^2} \tag{3.10}$$

$\mathbf{v}_g$ combine la *vitesse de dérive de gradient* et la *vitesse de dérive de courbure*.

$$\mathbf{v}_g = \frac{mv_{G\parallel}^2 + \mu B}{eB^3}\mathbf{B} \times \boldsymbol{\nabla}B + \frac{mv_{G\parallel}^2}{eB^2}\boldsymbol{\nabla} \times \mathbf{B}|_\perp \tag{3.11}$$

Le terme en μB tient compte des inhomogénéités du champ vu au cours d'une gyration et les termes en $v_\parallel$ expriment la force centrifuge due à la courbure des lignes de champ. Cependant, la dynamique de $\mathbf{v}_G$ ne peut être intégrée entièrement et on se limite à une équation de la dynamique pour $\dot{v}_{G\parallel}$:

$$m\frac{dv_{G\parallel}}{dt} = e\langle E_\parallel\rangle - \mu\nabla_\parallel B + mv_{G\parallel}\mathbf{v}_E.\frac{\boldsymbol{\nabla}B}{B} \tag{3.12}$$

où E est le champ électrique et $\langle E_\parallel\rangle$ désigne sa gyromoyenne (cf. eq. (1.6)).

Dans les simulations étudiées dans la suite (GYSELA), c'est en réalité une équation de Boltzmann qui est résolue, avec un opérateur de collision que nous ne détaillerons pas et un terme de source de chaleur. Rappelons que toutes ces équations s'inscrivent dans le cadre électrostatique, avec un champ magnétique constant $\mathbf{B} = \mathbf{B}(\mathbf{x})$.

Pour fermer ce système d'équations, les équations de Maxwell se limitent (dans le régime électrostatique) à une équation de quasi-neutralité. En effet, en étudiant des phénomènes aux dimension supérieures de quelques ordres de grandeur à la longueur de Debye, on peut supposer que le plasma est quasi-neutre. Le développement de $n_i = n_e$ (égalité des densités des protons (seule espèce présente pour simplifier le problème) et densité électronique) se fait grâce à une hypothèse de *réponse adiabatique des électrons*

$$\delta n_e = n_{eq}\frac{e\,\delta\phi}{T_e} \tag{3.13}$$

où ϕ est le potentiel électrique et T_e la température des électrons (fixée par un profil d'équilibre dans les simulations). L'équation dite *de quasi-neutralité* s'écrit alors :

$$\frac{e}{T_e}(\phi - \langle\phi\rangle_{FS}) - \frac{1}{n_{eq}}\nabla_\perp.\left(\frac{m_i n_{eq}}{eB^2}\nabla_\perp\phi\right) = \frac{1}{n_{eq}}\int \mathcal{J}_v d\mu dv_{G\parallel}(J_0 \cdot \overline{F}) - 1 \tag{3.14}$$

Dans cette équation, $\langle \phi \rangle_{FS}$ est la moyenne sur une surface de flux du potentiel électrique, $\mathcal{J}_v$ est le jacobien de l'espace des vitesses. Pour résumer cette équation, $n_e = n_i$ s'écrit : $n_{e,eq} + \delta n_e = n_{i,G} + n_{i,pol}$, où $n_{i,pol}$ est la densité ionique de polarisation, la différence entre la densité réelle et la densité de centre guide, et les termes sont développés sous la forme :

$$n_{e,eq} = n_{eq} \tag{3.15}$$

$$\delta n_e = \frac{n_{eq}e}{T_e}(\phi - \langle \phi \rangle_{FS}) \tag{3.16}$$

$$n_{i,G} = \int \mathcal{J}_v d\mu dv_{G\parallel}(J_0 \cdot \overline{F}) \tag{3.17}$$

$$n_{i,pol} = \nabla_\perp \cdot \left(\frac{m_i n_{eq}}{eB^2} \nabla_\perp \phi \right) \tag{3.18}$$

Notons rapidement quelques limitations de ce modèle dont le but est d'étudier la turbulence électrostatique. Dans la réalité des expériences, il faut ajouter aux sources de déconfinement que l'on va étudier la non-adiabacité des électrons, qui mène à du transport de matière, la turbulence MHD, notamment la formation d'îlots magnétiques, les instabilités liées aux particules rapides, créatrices d'instabilités électromagnétiques.

Les simulations montrées dans ce manuscrit sont obtenues en intégrant ces équations. Le code de simulation GYSELA a été utilisé. On précisera pour décrire les simulations la géométrie magnétique utilisée (profil radial de $q(r)$ (cf. eq. 3.5)), la taille de la simulation via le $\rho_\star$, la collisionnalité choisie, qui intervient dans l'opérateur de collision, l'intensité de la source d'énergie.

3.2.4 Gysela , un code de simulation gyrocinétique globale full-f

Quelques mots sur le code de simulation GYSELA . GYSELA fait les approximations suivantes : les orderings gyrocinétiques (1.3) sont respectés, la géométrie magnétique est décrite par une superposition d'un champ toroïdal et d'un champ poloïdal (3.4), l'approximation électrostatique suppose un champ magnétique constant dans le temps, la réponse adiabatique des électrons qui mène à l'équation de quasi-neutralité (3.14).

De nombreuses simulations dans la littérature choisissent de séparer la fonction de distribution en une partie d'équilibre, et une partie fluctuante. Cependant, cette hypothèse empêche l'étude de la réponse des fluctuations sur la fonction moyenne. En particulier, cela ne permet pas l'étude des variations de fonction moyenne, typique des évolutions longues (de l'ordre du temps de confinement τ_E) du plasma. En particulier, les simulations full-f permettent l'étude auto-consistante des formations des écoulements zonaux et écoulements moyens (*zonal flow and mean flow* (Diamond et al., 2005)).

Par ailleurs, GYSELA est une simulation *flux driven*, contrairement aux simulations *gradient driven* qui imposent un gradient global aux profils de température, densité, etc. GYSELA repose sur une source de chaleur pour maintenir son niveau de température. Cette approche permet par ailleurs de développer des profils auto-consistants avec des barrières internes de transport qui créent des profils de température plus piqués, libre de tout gradient fixe à satisfaire. De leur côté, les simulations à gradient fixe permettent souvent de réécrire les équations dans un cadre local en r, périodique, qui permet d'une part l'étude d'échelles plus faibles, et d'autre part d'appliquer des méthodes de Fourier en r. GYSELA présente l'avantage de simuler la quasi totalité du tokamak du rayon interne $r_{min} \approx 0.1a$ au rayon externe $r_{max} \approx 0.9a$. Au centre de la boîte la divergence des termes en $1/r$ empêche la discrétisation complète du tokamak. Aux deux bords, des buffers avec des termes collisionnels 20 fois plus élevés permettent de dissiper les énergies. Il est à noter cependant que l'approche actuelle dans la communauté tend à considérer d'une part le plasma de coeur et d'autre part le plasma de bord (avec toutes les implications d'ionisation partielle, d'apport de matière et d'impuretés que cela requiert). Le lien entre les deux, dit le "no-man's land" est un sujet de recherche difficile.

On pourra se reporter à l'article introductif du code GYSELA Grandgirard et al. (2006), à la thèse de Abiteboul (2012) ou à la revue de Grandgirard and Sarazin (2012) pour les détails du code GYSELA .

Un exemple de simulation Gysela

Nous présentons ici quelques résultats généraux tirés d'une simulation GYSELA . Nous utiliserons quelques extraits de cette simulation dans notre étude.

La simulation considérée présente un rayon de Larmor normalisé $\rho_\star = 1/300$ au rayon $0.5a$, de l'ordre du $\rho_\star$ de Tore Supra, la taille de la simulation est

$$(N_r, N_\theta, N_\varphi, N_{v_\parallel}, N_\mu) = (512, 512, 128, 128, 20) \tag{3.19}$$

qui donne approximativement 6.10^{10} points de grille. Cette simulation a tourné sur 5120 processeurs pendant quelques mois sur la machine Helios pour atteindre des temps de simulations de l'ordre de grandeur du temps de confinement.[1]

Le facteur de sécurité, qui détermine la géométrie magnétique est choisi tel que $q(r) = 1 + 2.78(r/a)^{2.8}$, le rapport d'aspect $R_0/a = 3.3$, le profil de densité et de température initiaux sont choisis pour que $-dr \log n = R_0/L_n = 2$ et $-dr \log T = R_0/L_T \approx 7$ au centre de la boîte simulation. (Nous parlerons de boîte de simulation pour désigner le plasma simulé, ainsi le centre n'est pas le coeur du plasma mais aux alentours de $r/a = 0.5$.) Un tel profil place le plasma au niveau du seuil d'instabilité des ITG (*ion temperature gradient*) et permet d'observer de manière optimale la mise en place de structures radiales telles les staircases et les avalanches. Une source de chaleur injecte de l'énergie au coeur du tokamak, vers $r/a < 0.3$. La puissance de la source est de 3 MégaWatt. Les conditions initiales des simulations présentent un large spectre excité, mais nous prendrons toutes nos mesures à partir de simulations qui ont déjà évolué vers des équilibres aux temps d'évolution plus longs, avec un régime qui se construit lentement, tendant asymptotiquement vers un régime quasi-stationnaire.

Instabilité et turbulence spectralement localisées

Schématiquement, au cours de la simulation, la source de chaleur augmente le gradient logarithmique de température R_0/L_T. Lorsque celui-ci dépasse le seuil de l'instabilité ITG, les fluctuations s'amplifient sur les modes les plus instables. Ces modes dits *résonants* sont situés autour de

$$k_\parallel = (m + nq) = 0 \tag{3.20}$$

(stricto sensu, $k_\parallel \equiv (n + m/q)/R$), mais nous prendrons la définition précédente pour simplifier les notations. Ces modes présentent une excitation linéaire due à l'instabilité ITG alors que les modes $|k_\parallel| \gg 1$ sont amortis par effet Landau. Le résultat est que l'énergie potentielle électrique et les fluctuations d'énergie interne [2] (mesurées par les fluctuations de la fonction de distribution) sont localisées près de la droite $m + nq = 0$, comme on peut le voir sur une carte des modes de l'énergie potentielle électrique $|\phi_{m,n}|^2$

---

[1]Ce qui revient à plus de 13.10^6 heures de calcul ou 1500 ans de simulations monoprocesseur !

[2]Il est normal que le spectre des fluctuations de f et de ϕ soient corrélées, car elles sont reliées par l'équation de quasi-neutralité (3.14).

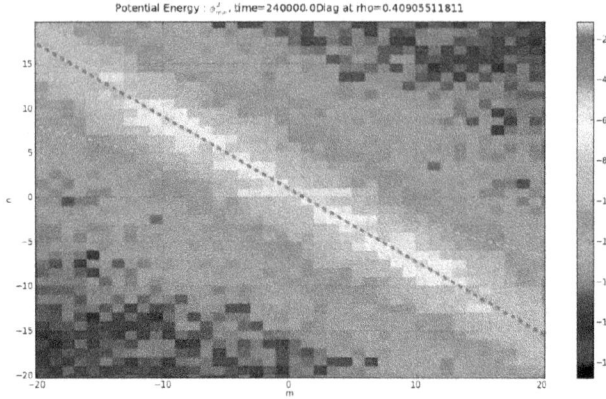

Potential Energy : $\phi^2_{m,n}$, time=240000.0Diag at rho=0.40905511811

FIGURE 3.3 – Carte de l'énergie potentielle $\phi^2_{m,n}(r)$ dans l'espace (m, n) au centre de la boîte (rayon $r/a = 0.5$). On voit que l'énergie potentielle est concentrée sur l'axe $m+nq = 0$ (tracé ici en rouge pointillé). On remarquera que cette ligne varie en fonction du rayon car q est fonciton de r. Les limites de ces lignes pour les valeurs extrêmes de q sont représentées en orange. Zoom sur les modes proches de $(0, 0)$

dans le semi espace de Fourier (m, n, r) à $r/a = 0.5$ à la figure 3.3, $\phi_{m,n}(r)$ est obtenu par deux transformées de Fourier du potentiel électrique $\phi(\theta, \varphi, r)$ dans les directions θ et φ. Pour ne pas alourdir les notations, nous ne noterons pas cette transformée de Fourier $\hat{\phi}$. Nous verrons comment cette répartition particulière de l'énergie joue un rôle majeur dans les processus turbulents au chapitre 7.

Flux de chaleur

Pour étudier l'efficacité du confinement, il est important de mesurer le flux de chaleur radial que l'on moyenne sur les surfaces de flux magnétique (dans notre approximation, équivalentes au petit rayon).

$$Q_{turb} = \left\langle \int d^3v \ v_{E \times B, r} \left(\frac{1}{2}mv^2_{G\parallel} + \mu B \right) \overline{F} \right\rangle_{FS} \tag{3.21}$$

où $v_{E \times B, r}$ est la composante radiale de la vitesse $E \times B$.

Lorsqu'un état quasi-stationnaire est atteint, le transport dans le tokamak se produit sous la forme de fronts larges d'avalanches (cohérence radiale jusqu'à $\sim 0.1r/a$) qui comme des vagues transportent la chaleur du coeur vers le bord $r = a$. Ces avalanches se propagent à la fois vers l'extérieur et vers l'intérieur, mais le flux de chaleur reste orienté vers l'extérieur.

On trouve également pour ces longues simulations une formation spontanée de stair-cases. On se reportera à Dif-Pradalier et al. (2010) pour une description des staircases dans GYSELA . Les staircases sont caractérisés par un gradient de température localement plus élevé (on parle de piquage du gradient). On peut remarquer que ces barrières au transport de chaleur ne peuvent réduire le flux de chaleur, puisque nous sommes dans un état quasi-stationnaire, mais réduisent le ratio du flux de chaleur sur le gradient de

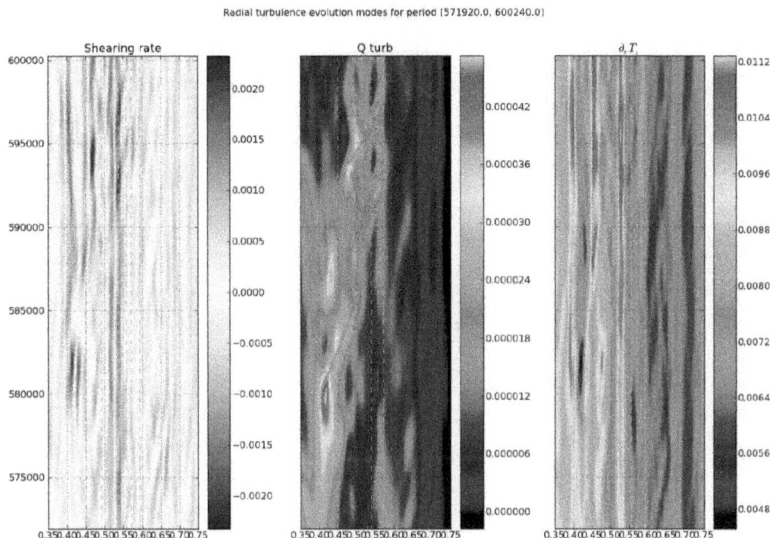

FIGURE 3.4 – Cartes $(r/a, t)$ du cisaillement $\omega_E \times B$, du flux de chaleur turbulent Q_{turb} et du profil de température $R/L_T = -R_0 d_r T/T$. Simulation GYSELA décrite en section 3.2.4.

température. Ces staircases sont également marqués par un cisaillement de vitesse $E \times B$ poloïdale. Cela signifie que cette région radiale localisée voit un différentiel important de rotations poloïdales du plasma. Cette rotation différentielle est un facteur important qui cisaille les structures turbulentes larges en rayon. Sur la figure 3.4, on voit trois mesures communes. De gauche à droite, le taux de cisaillement $E \times B$, le flux de chaleur turbulent et le gradient de température, au cours du temps (en ordonnée, vers le haut), en fonction du rayon normalisé r/a (en abscisse).

On voit ainsi sur la carte de température que le gradient de température montre 5 piquages aux rayons $0.4, 0.46, 0.53, 0.57, 0.67$. Ce sont là des staircases. On voit que chacun d'entre eux est accompagné d'une alternance du cisaillement $E \times B$ (appelé *shearing rate*, noté $\omega_E \times B$). Quant à la carte d'évolution du flux de chaleur, on voit des structures qui commencent à faible rayon, et se propagent vers les rayons externes au cours du temps. Ce sont là des avalanches. On peut en distinguer quelques unes (flèches oranges sur la figure du centre).

Au chapitre 7, nous étudierons comment le flux de chaleur turbulent des avalanches se propage radialement vis-à-vis du cisaillement magnétique et à la rencontre des staircases.

31

Deuxième partie

Turbulence et expansion dans le vent solaire

Résumé de la partie 2 : vent solaire

Pour comprendre au mieux la physique de la turbulence dans le vent solaire, notamment du point de vue l'anisotropie de cette turbulence, nous avons utilisés plusieurs approches complémentaires. Un point de vue observationnel sur la variabilité des spectres en fréquence du vent solaire, des approches observationnelles et numériques pour comprendre l'anisotropie engendrée par un champ magnétique moyen, et une étude numérique pour comprendre les conséquences de l'expansion radiale du vent solaire sur sa turbulence.

Dans un premier temps, on présentera une étude observationnelle des données spatiales du point de vue des spectres en fréquence. Nous retrouverons d'abord quelques résultats bien connus de la turbulence dans le vent solaire. Ainsi seront revisités les variations des spectres de la turbulence en fonction de paramètres du vent, comme sa température ou sa vitesse. Puis seront présentés nos travaux originaux sur les variations des pentes de ces spectres qui prennent en compte la variation de la zone inertielle. Enfin, nous discuterons la variation des cassures de pentes des spectres de la turbulence avec la distance au soleil, et sa contrepartie, la variation des cassures de pentes logarithmiques en fonction de l'age du plasma. Ces derniers éléments formeront une introduction pour le chapitre concernant les effets de l'expansion.

Dans un second temps, nous nous pencherons sur l'anisotropie spectrale créée par un champ magnétique moyen. Après une courte introduction numérique, nous détaillerons les moyens de quantifier cette anisotropie et de l'isoler des paramètres de variation du vent précédemment évoqués. L'objectif consiste à caractériser au mieux ce qui relève spécifiquement des conséquences d'un champ magnétique moyen. Pour cela, nous utiliserons des autocorrélations et des fonctions de structures. Nous poserons également les questions de méthodes pour isoler les effets du champ magnétique moyen dans un vent sans cesse fluctuant que l'on ne peut explorer que partiellement.

Enfin, nous étudierons l'effet de l'expansion sur la turbulence de vent solaire d'un point de vue numérique. Pour cela, nous utiliserons le code EBM (Expanding Box Model) pour comprendre les effets d'une expansion sur la turbulence MHD. Une étude extensive des effets de l'expansion sur les différentes anisotropies, spectrales et de polarisations sera présentée. Elle a fait l'objet d'un article accepté en août 2014 dans l'Astrophysical Journal et reproduit ici au chapitre 6.2. Cette étude sera étendue ici en détails. Enfin, une comparaison de ces résultats avec les observations spatiales sera effectuée. Finalement, nous proposerons un modèle en couches pour essayer d'extraire l'essence des mécanismes qui ont lieu dans EBM afin d'expliquer les spectres des différentes composantes.

CHAPITRE 4

Le vent solaire, une turbulence multiple

Sommaire

La turbulence est un phénomène intrinsèquement chaotique et aléatoire. Les quantités usuellement mesurées ne peuvent être prédites sur le long terme. Au contraire, elles sont régies par des processus stochastiques. Le nombre qui caractérise le niveau de turbulence d'un régime est le *nombre de Reynolds*, il mesure la prééminence des termes convectifs devant les termes dissipatifs. Lorsque le nombre de Reynolds devient important, les termes non-linéaires qui font la convection sont tellement importants que tout minuscule changement peut mener à des différences macroscopiques si on lui donne assez de temps. Le vent solaire est un cas extrême de milieu qui présente une turbulence développée. Habituellement, le nombre de Reynolds est défini comme le rapport entre le temps cinétique et le temps dissipatif $Re = UL/\nu$ où U est la vitesse du fluide, L la taille caractéristique du système, et ν la viscosité du fluide. Ici, ν pourrait être défini comme $\nu = L_{coll}v_{th}$ le produit du libre parcours moyen par la vitesse thermique. Mais le libre parcours moyen est justement de la taille du système ($L_{coll} \approx 1 A.U.$). Le nombre de Reynolds ainsi défini n'a donc pas grand sens. D'autres processus que visqueux font office de dissipation. Comme on ne connaît pas précisément le processus dissipatif, il est difficile de définir correctement le nombre de Reynolds comme le rapport entre le terme non-linéaire et le terme dissipatif. Cependant, on va voir que les propriétés observées des spectres d'énergie sont la signature d'une turbulence bien développée caractéristiques de nombres de Reynolds très grands.

Malgré son apparence désorganisée et imprévisible, la turbulence présente tout de même des propriétés reproductibles, cohérentes et pertinentes. Il faut alors utiliser des outils statistiques. La *densité spectrale d'énergie*, ou *spectre*, représente la densité d'énergie pour chaque nombre d'onde. Alors que les champs de vitesse ou magnétiques sont très fluctuants et ne présentent pas de régularité, les spectres d'énergie sont des quantités cohérentes et pertinentes qui peuvent être accumulées statistiquement. C'est pourquoi nous privilégierons l'étude des spectres de la turbulence. Nous pouvons ainsi mesurer les spectres de l'énergie magnétique, cinétique ou encore de la densité.

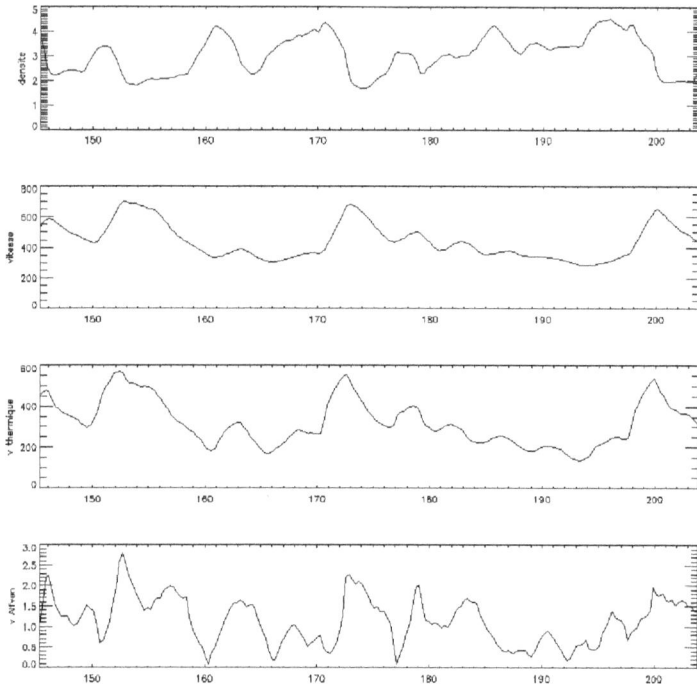

FIGURE 4.1 – Données (moyennes journalières) enregistrées par la sonde Wind, du 23 mai au 23 juillet 1995. Densité, vitesse du vent, vitesse thermique, vitesse d'Alfvén. En abscisse, le jour de la mesure.

Mais avant de pouvoir étudier les spectres de la turbulence, il faut avoir conscience de la spécificité des données spatiales délivrées par des sondes. C'est ce que nous allons regarder en premier.

4.1 Propriétés du vent solaire et questions de mesure

Les mesures effectuées à bord de sondes spatiales sont essentielles pour bien comprendre la physique du vent solaire. Mais la juste utilisation de ces mesures demande la compréhension de leurs méthodes d'acquisition et de leurs limites.

La figure 4.1 montre les fluctuations des moyennes journalières de quatre paramètres du plasma pendant une période de deux mois (densité, vitesse, vitesse thermique des ions, vitesse d'Alfvén) mesurée par la sonde Wind. Pendant cette période, la sonde est à la position de Lagrange L1, entre la Terre et le Soleil à approximativement 1 unité astronomique (U.A.), en amont de la magnétosphère terrestre et loin de son influence. On peut donc considérer que les mesures ainsi obtenues sont purement des mesures du plasma de vent solaire.

Certaines mesures que nous allons étudier ont été recueillies par la sonde Helios I. La sonde Helios s'est davantage rapproché du soleil, jusqu'à l'orbite de Mercure. Elle a voyagé entre 0.3 et 1 U.A. Par contre, elle est toujours restée dans le plan de l'écliptique.

4.1.1 Un point fixe dans l'espace balayé par le vent

L'une des principales limitations des données spatiales tient au caractère unique et quasi fixe du point d'acquisition. Dans la plupart des cas, la vitesse de déplacement de la sonde (de l'ordre de la dizaine de km/s) est négligeable devant la vitesse du vent solaire (de l'ordre de $V_{SW} = 300 - 800 km/s$).

On peut alors utiliser l'analogie d'une sonde de mesure dans une soufflerie. Une fois qu'une macro-particule ou une région fluide a été mesurée par la sonde, jamais la sonde ne pourra rattraper le fluide.

Mais non seulement la vitesse du vent dépasse considérablement la vitesse de la sonde, mais également la vitesse d'Alfvén, qui est la vitesse de propagation des ondes d'Alfvén (c'est vrai plus généralement pour les vitesses de phase des autres modes MHD). Ainsi, aucune onde ni aucune information ne pourra remonter le vent à contre-courant. Une autre manière de voir les choses consiste à remarquer que la vitesse du vent est une vitesse d'échantillonnage, et que si celle-ci est importante devant la vitesse d'Alfvén, on peut raisonnablement considérer que le vent n'a pas eu le temps de changer au cours d'une mesure. Une analogie photographique consisterait à dire ce qui suit. Pour un volume de plasma d'extension spatiale donnée, on peut déduire de la vitesse du vent le temps d'exposition nécessaire pour prendre une "photographie" du vent solaire, et de la vitesse d'Alfvén on déduira la "vitesse" à laquelle le plasma se déforme. Et plus l'échelle est grande, plus il faudra de temps pour qu'il bouge de manière significative. Si le temps d'exposition est suffisamment court, alors l'objet paraît fixe, et on peut mieux comprendre l'image. Cette hypothèse qui consiste à dire qu'aucune échelle du plasma n'a eu le temps d'évoluer durant le temps de mesure, est l'hypothèse de Taylor.

4.1.2 Hypothèse de Taylor et mesure de l'anisotropie par rapport au champ moyen

L'hypothèse de Taylor nous permet donc de supposer que le plasma est gelé pendant que nous l'explorons avec une traversée de sonde. Le plasma se déplace à la vitesse du vent, c'est-à-dire de manière quasi radiale. Tous les échantillons de mesures sont-ils semblables pour autant ? Non, car on considère que la turbulence est grandement influencée par la présence et la direction d'un champ magnétique moyen. Ainsi, la direction de l'échantillonnage en fonction du champ magnétique moyen révélerait des régimes de turbulence différents. Plusieurs quantités statistiques peuvent être récoltées en fonction de l'angle entre le champ magnétique moyen et la direction du vent (comme on l'a vu, principalement radiale).

Sur la figure 4.2, on montre un cube périodique de simulation 3D MHD en présence d'un champ magnétique moyen. Les couleurs montrent les fluctuations du champ de densité. On constate qu'en présence d'un champ magnétique, les variations du champ de densité sont beaucoup plus marquées dans la direction perpendiculaire au champ moyen (flèche bleue claire). En fonction de l'angle entre le champ moyen et la vitesse du vent, (qui est aussi approximativement la direction radiale dans le vent solaire) on imagine aisément la différence d'amplitude et d'échelle des variations du champ de densité mesuré par la sonde.

Notre objectif physique est de mesurer au mieux l'anisotropie spatiale. Cependant, cette mesure sera dégradée si l'hypothèse de Taylor n'est pas bien respectée. Réalisons une expérience pour estimer les effets de l'hypothèse de Taylor sur la différence entre mesure spatiale et mesure temporelle. Prenons deux cubes de plasma soumis à un même champ

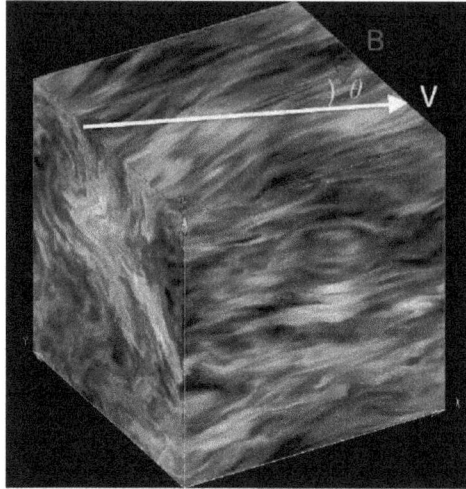

FIGURE 4.2 – Anisotropie due à la présence d'un champ magnétique. Ici, on représente le champ de densité dans une simulation en présence de champ magnétique moyen. Si une mesure est effectuée par une sonde le long d'une trajectoire. Cette mesure dépendra fortement de l'angle entre le champ magnétique moyen et celle de la trajectoire, qui est aussi la direction du vent solaire. Cube de simulation EBM de résolution 512^3, simulation C de l'article 6.2.

magnétique moyen $\overrightarrow{B_0} = B_0 \overrightarrow{e_x}$, un vent évoluant rapidement et un vent évoluant lentement, représentés dans un diagramme spatio-temporel (x, y, t) aux figures 4.3a 4.4a. Pour chacun de ces deux vents "photographions" le champ U_x parallèlement et perpendiculairement du champ moyen au temps 0. Nous devrions trouver les différences notables de variabilité inférées précédemment, dues à une anisotropie physique dans les structures turbulentes. Par ailleurs, pour chacun de ces vents, mesurons le champ U_x en y déplaçant une sonde à vitesse finie, qui aura donc une trajectoire dans l'espace et le temps. Cette trajectoire sera parallèle ou perpendiculaire à la direction du champ moyen. La sonde se déplacera à la même vitesse dans les deux vents, mais ces deux vents se déforment à des vitesses différentes.

On pourra alors juger dans quelle mesure l'évaluation de l'anisotropie (différence entre survol parallèle et survol perpendiculaire) est différente de l'anisotropie réelle ("photographie" parallèle et perpendiculaire), en fonction de la "vitesse" de déformation du vent.

On constate tout d'abord qu'effectivement, les mesures "photographiques" dans les directions parallèles et perpendiculaires sont bien différentes. (voir fig. 4.3b B et 4.3b D) Dans la direction perpendiculaire, les fluctuations présentent un nombre d'onde caractéristique plus faible.

Lorsque le vent évolue à une vitesse comparable à la vitesse d'Alfven (figures 4.3), les mesures temporelles présentent toujours des fluctuations supérieures en fréquence à la mesure spatiale, que ce soit dans la direction parallèle fig. 4.3b A ou perpendiculaire fig. 4.3b C.

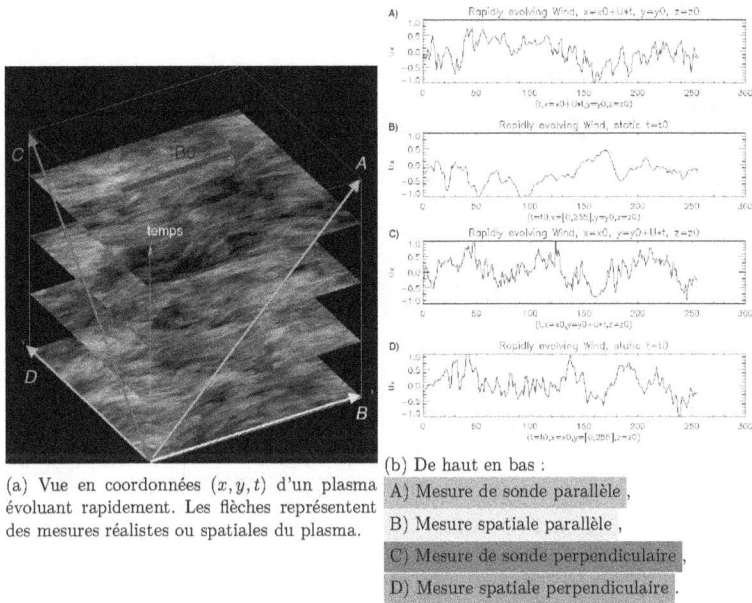

(a) Vue en coordonnées (x, y, t) d'un plasma évoluant rapidement. Les flèches représentent des mesures réalistes ou spatiales du plasma.

(b) De haut en bas :

A) Mesure de sonde parallèle ,

B) Mesure spatiale parallèle ,

C) Mesure de sonde perpendiculaire ,

D) Mesure spatiale perpendiculaire .

FIGURE 4.3 – Vent évoluant rapidement.

Par contre, dans le cas d'un vent évoluant lentement, figs. 4.4, on trouve une statistique similaire entre les mesures simulées de sondes et les mesures spatiales, que ce soit pour des mesures parallèles (A et B) ou perpendiculaires (C et D). Ce qui permet de déterminer la validité de l'hypothèse de Taylor pour une échelle L est en fait le rapport N du temps typique d'évolution d'une échelle donnée et du temps de parcours de cette échelle.

$$N(L) = \frac{\tau_{evol}}{\tau_{parcours}} = \frac{L/v_A}{L/V_{SW}} = \frac{V_{SW}}{v_A} \qquad (4.1)$$

On constate dans ce cas que N ne dépend pas explicitement de la taille caractéristique L. Cependant si la vitesse d'évolution en dépendait implicitement, alors la validité de l'hypothèse de Taylor pourrait dépendre de l'échelle considérée. Ainsi c'est effectivement le rapport de la vitesse du vent et de la vitesse d'Alfvén qui intervient. Dans un vent solaire moyen, $N = 10 \sim 30$, d'où la validité de l'hypothèse de Taylor.

4.1.3 La mesure du champ de vitesse, particularités de la méthode

Les données spatiales que nous utiliserons fournissent systématiquement des données concernant les particules. En particulier, elles donnent la fonction de distribution de leur vitesse. Les instruments de mesure qui recueillent cette information consistent en une série de capteurs de particules placés sur une ligne et orientés à des angles différents de 0 à 180°. Ensuite la sonde tourne sur elle-même à une vitesse de rotation fixe. Ainsi, pour un capteur, en fonction du nombre de particules, de leur vitesse et de l'angle du récepteur qui l'a capté et de l'angle dans la rotation de la sonde à ce moment, on déduit un secteur

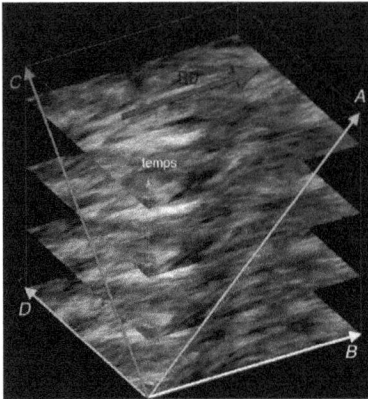

(a) Vue en coordonnées (x, y, t) d'un plasma évoluant lentement. Les flèches représentent des mesures réalistes ou spatiales du plasma.

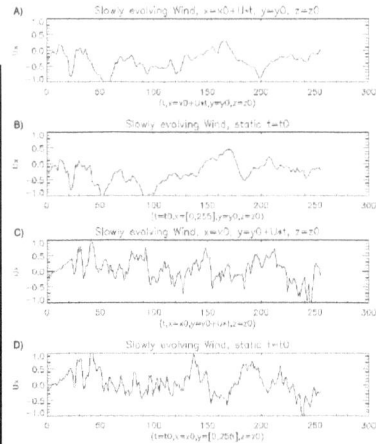

(b) De haut en bas :

A) Mesure de sonde parallèle ,

B) Mesure spatiale parallèle ,

C) Mesure de sonde perpendiculaire ,

D) Mesure spatiale perpendiculaire .

FIGURE 4.4 – Vent évoluant lentement.

angulaire de la fonction de distribution en vitesse des particules à ce moment précis. Grace à la série de capteurs "en latitude" et la rotation en "longitude" de la sonde, on peut reconstruire une fonction de distribution à chaque rotation de la sonde. Cette vitesse de rotation est exactement la limite en résolution temporelle des données particules sur les sondes que nous utiliserons. Cette limite est de 40 secondes sur les sondes Helios et de 3 secondes sur la sonde Wind, ce qui donne des fréquences maximales du spectre respectives de 0.0125Hz et 0.16Hz ($f_{max} = 1/2 f_{resolution}$ donné par le théorème d'échantillonnage de Nyquist-Shannon).

4.2 Mesurer les variations du spectre

4.2.1 Le spectre de Kolmogorov

Les spectres mesurent la répartition de l'énergie dans un milieu. Dans le cas d'une *turbulence développée*, cette répartition est le résultat de transferts d'énergie et d'un état quasi-stationnaire où à chaque instant, on peut penser qu'il y a un équilibre entre les flux entrants et sortants d'énergie.

Par énergie, on entend ici la quantité qui est globalement conservée par les couplages non-linéaires. Dans le cas d'un fluide neutre à 3 dimensions, dans la limite incompressible (vitesse du fluide ≪ vitesse du son), cette énergie est l'énergie cinétique par unité de masse, autrement dit $E = u^2/2$. C'est dans ce cadre que la théorie de Kolmogorov a été proposée. Le raisonnement de Kolmogorov peut se généraliser à d'autres régimes, mais en tous les cas, il faut l'appliquer à une quantité qui est globalement conservée (ou quasi-conservée) par les termes non-linéaires. On reviendra là-dessus un peu plus bas.

Les lois d'échelle de la turbulence ont été prédites pour la première fois par A.N. Kolmogorov (Kolmogorov, 1941). Il décrit le processus de transfert d'énergie à l'état stationnaire et prédit un spectre d'énergie de pente $E(k) \sim k^{-5/3}$. Partant d'hypothèses minimales, cette propriété acquiert alors un caractère quasi-universel et on retrouve un tel spectre dans les domaines les plus divers.

En raisonnant dans l'espace de Fourier et en utilisant la conservation de l'énergie le long de la cascade, Kolmogorov a trouvé les invariances d'échelles qui dicteront la pente du spectre. Depuis, il a également retrouvé son résultat par une analyse dimensionnelle. On utilise en substance le théorème PI (ou encore appelé théorème de Vaschy-Buckingham) qui détermine l'existence d'un paramètre adimensionnel qui décrit le système.

Considérons un modèle simple de turbulence où de l'énergie est injectée à grande échelle. Le système est ensuite muni d'une non-linéarité qui couple des échelles spatiales différentes, de telle sorte que de l'énergie se propage vers des échelles de plus en plus petites, où elle sera finalement dissipée, ce seront les *les échelles dissipatives*.

A l'état stationnaire, l'énergie est donc continûment injectée aux grandes échelles, par une source que l'on n'explicitera pas, elle *cascade* jusqu'aux petites échelles, où elle se dissipe continûment. On considère alors que le transfert d'énergie se produit sans dissipation des plus grandes échelles jusqu'aux échelles dissipatives. Cela permet de supposer un transfert continu et local de l'énergie des grandes échelles vers les plus petites. "local" signifiant ici entre échelles voisines. Cela permet aussi d'évaluer la dissipation de l'énergie au taux de transfert à chaque échelle.

Ecrivons l'équation de l'évolution de la densité d'énergie $E(k)$ à un nombre d'onde donné. $S(k)$ est la densité d'énergie apporté par la source et $\epsilon(k)$ la densité de flux d'énergie dissipé par le puit. On suppose que $\epsilon(k)$ est négligeable pour $k < k_d$ et $S(k)$ négligeable pour $k > k_s$. L'injection d'énergie est localisée aux grandes échelles, et la dissipation aux petites.

$$\frac{\partial}{\partial t} E(k) + \nabla E(k) = S(k) + \epsilon(k) \tag{4.2}$$

Où ∇ décrit le transfert d'énergie des grandes échelles vers les petites : $\nabla E(k) = \frac{\partial}{\partial k} \frac{k E(k)}{\tau_{NL}}$.

Prenons k tel que $k_s < k < k_d$, et intégrons le résultat sur $\int_k^\infty$. A l'état stationnaire, $\partial/\partial t = 0$. On a donc :

$$\int_k^\infty \nabla E(k) = \int_k^\infty \epsilon(k) \tag{4.3}$$

Appelons $\int_k^\infty \nabla E(k) = \Gamma(k)$ le flux d'énergie à travers la frontière k_d et remarquons que $\int_k^\infty \epsilon(k) = \int_{k_d}^\infty \epsilon(k) = \epsilon$, d'où :

$$\Gamma(k) = \epsilon \tag{4.4}$$

On cherche alors une relation entre le flux d'énergie $\Gamma(k) \equiv [m^2/s^3]$, la densité d'énergie $E(k) \equiv [m^3/s^2]$ et le nombre d'onde $k \equiv [m^{-1}]$. Nous avons $n = 3$ quantités exprimables avec $p = 2$ unités fondamentales (m et s). D'après le théorème de Vaschy-Buckingham, il y a donc une seule quantité adimensionnée qui définit la relation. Un simple raisonnement d'homogénéité permet d'obtenir :

$$\Gamma(k) \sim E(k)^{3/2} k^{5/2} E(k) \sim \epsilon^{2/3} k^{-5/3} \tag{4.5}$$

Ce raisonnement simple décrit une cascade d'énergie isotrope et stationnaire. Elle suppose la conservation du flux d'énergie entre les différentes échelles. Cependant le passage de l'hydrodynamique à la magnétohydrodynamique (MHD) change les relations dimensionnelles qui sont considérées dans le raisonnement précédent. Alors les lois d'échelles peuvent être changées pour des systèmes plus complexes. Cependant, tant que le flux d'une quantité est conservée sur une large gamme d'échelle, tant que l'on peut considérer négligeable le rôle des échelles d'injection d'énergie et de dissipation, alors on constatera à l'état stationnaire la formation d'une pente constante des spectres, signature d'une invariance d'échelle des lois de propagation des quantités conservées. Cette région, si elle existe, est appelée la *zone inertielle*. Le vent solaire présente plusieurs importantes zones inertielles qui s'étendent sur plusieurs ordres de grandeur. En fonction de la quantité considérée, les pentes des spectres, ou *indices spectraux* peuvent être différents. Mais en général, une pente constante sur une large gamme d'échelles est la signature de transport local (dans l'espace de Fourier) entre différentes échelles d'une quantité conservée par les couplages non-linéaires. Dans les plasmas, la quantité invariante est la somme de toutes les formes énergies. Dans le modèle MHD que l'on va adopter, cet invariant est la somme de l'énergie interne, l'énergie cinétique et l'énergie magnétique.

$$E = \int_V 3/2 n k_B T + \rho u^2/2 + B^2/2\mu^0 \qquad (4.6)$$

Dans certains régimes, on peut simplifier le problèmes et certaines énergies partielles sont également conservées. Dans notre cas, en raison de la faible implication des modes compressibles, on aura deux invariants, la somme de l'énergie magnétique et cinétique, que l'on nommera énergie totale dans la suite,

$$E_{tot} = \int_V \rho u^2/2 + B^2/2\mu_0 \qquad (4.7)$$

et l'hélicité croisée.

$$H = \int_V \mathbf{u}.\mathbf{B}/\sqrt{\rho} \qquad (4.8)$$

La figure 4.5 montre les spectres du champ de vitesse et du champ magnétique (trace des carrés des amplitudes $E_B(f) = |FFT(B_x(t))|^2 + |FFT(B_y(t))|^2 + |FFT(B_z(t))|^2)$, mesurées par les sondes Helios et Wind.

On mesure les spectres de l'énergie magnétique, cinétique, des variables d'Elsässer $z^+ = u + b/\sqrt{\rho}$, $z^- = u - b/\sqrt{\rho}$, de l'énergie totale $E_T = E_B + E_U$ et résiduelle $E_R = E_B - E_U$ lorsque cette dernière est positive.

- Ces spectres suivent en général une loi f^{-1} aux basses fréquences (1 mois^{-1} ∼ 1 heure^{-1}).

- Dans la gamme de fréquence entre 1 heure et quelques secondes, que nous appellerons dorénavant *zone inertielle*. le spectre magnétique présente un indice spectral en $f^{-5/3}$,

- le spectre cinétique présente une pente en $f^{-3/2}$, (cf Salem (2000); Podesta et al. (2007); Salem et al. (2009))

- le spectre de l'énergie totale serait proche de 5/3, le spectre résiduel est proche de f^{-2}, et les spectres de z^+ et z^- sont moins bien définis. (Boldyrev et al., 2011)

44

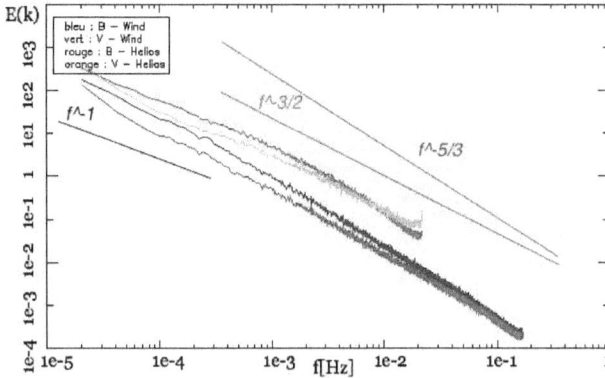

FIGURE 4.5 – Spectres des champs magnétique et cinétiques mesurés par les sondes Helios et Wind. On a présenté les repères d'une pente en $f^{-1}, f^{-3/2}$ et $f^{-5/3}$. (Données Wind : Avril 1995-Juillet 1995, Helios : 1974-1975.)

- Au delà de la fréquence du Hertz, une seconde cassure est présente. Elle coïncide avec l'échelle du rayon de Larmor ionique. Nous n'étudierons pas ces gammes de fréquences.

Lorsqu'on les observe en détails, les spectres mesurés dans le vent solaire varient en pente, en amplitude et en anisotropie, comme l'ont déjà observé (Grappin et al., 1991, 1990; Boldyrev et al., 2011; Podesta, 2011). Nous étudions ici ces trois variations sous l'angle de leurs dépendances en fonction de paramètres du plasma tels que sa température ou sa vitesse.

4.2.2 L'amplitude du spectre, fossile ou évolution ?

Dans le plan de l'écliptique on a distingué très tôt deux régimes de vents, lents et rapides. D'une façon générale, les vents rapides ont une température ionique élevée, avec une densité faible, et une forte dominance des ondes d'Alfvén venant du soleil. A l'inverse, les vents lents sont denses, et il est difficile de d'isoler une dominance des ondes d'Alfvén venant du soleil. (cf. par exemple le livre de Schwenn and Marsch (1990))

Au minimum d'activité solaire où les sources solaires du vent ont une durée de vie assez longue, on peut clairement identifier que les vents rapides proviennent du centre des zones magnétiques ouvertes (ou trous coronaux). La figure 4.1 donne un exemple d'alternance de jets rapides et lents sur une échelle de temps d'une dizaine de jours. Au maximum solaire, la situation est beaucoup plus chaotique, en partie parce que les sources solaires du vent ont une durée de vie plus courte.

Les jets rapides et lents diffèrent aussi par l'amplitude de la turbulence comme l'ont mis en évidence Grappin et al. (1990, 1991). Plus précisément, les hautes fréquences (périodes plus courtes que l'heure) sont particulièrement bien corrélées à la température du vent solaire. Mais les basses fréquences semblent perdre cette corrélation.

Ces mesures ont été reproduites sur les données plus récentes, et accédant à des fréquences plus élevées, produites par la sonde Wind (cf fig. 4.7). On constate une très bonne corrélation entre l'amplitude du spectre aux hautes fréquences et la température.

45

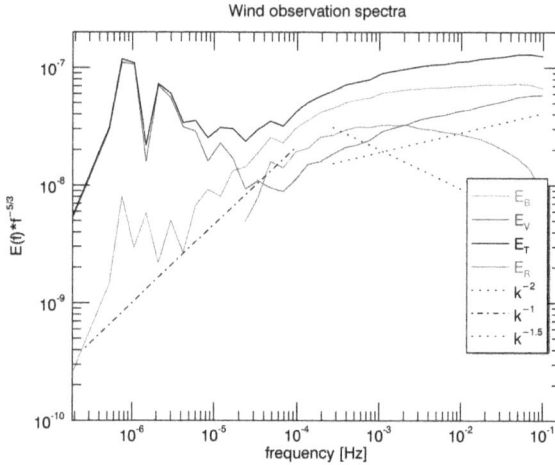

FIGURE 4.6 – Spectres des champs magnétique (rouge), cinétique (bleu), total (noir) et résiduel (vert) mesurées par la sonde Wind, compensé par $f^{-5/3}$ pour mettre en évidence les pentes des spectres et leur dépendance avec l'échelle. On a indiqué les pentes f^{-1} (point-tiret), $f^{-3/2}$ (pointillé croissant) et f^{-2} (pointillé décroissant).

Plusieurs raisonnement permettent de lier la température à l'énergie des ondes (donnée par le spectre). Une première hypothèse consiste à considérer la température comme un effet du chauffage turbulent. Par chauffage turbulent on entend ici la dissipation de l'énergie des fluctuations emportées par le vent. Mais si c'était le mécanisme principal on devrait constater que, à une distance du soleil donnée, plus le vent est chaud plus l'amplitude des ondes a diminué - or on constate l'inverse. Ces mesures laissent donc davantage penser que le spectre et la température sont corrélées de manière fossile depuis leur origine au niveau du soleil. A une forte température serait liée davantage d'énergie dans les ondes.

Cette deuxième hypothèse propose donc que la variabilité du vent solaire est essentiellement liée à la variation de la source du vent. Dans l'écliptique, où orbitent les sondes Helios et Wind, le vent lent serait issu des bords des trous coronaux et les vents rapides de leur centre. (voir par exemple Wang et al. (2009)). En utilisant un modèle Eulérien, on parvient à reproduire dans une certaine mesure ces relations entre amplitude de la turbulence, température et vitesse du vent (Grappin et Verdini, en cours).

Mais a contrario, si l'origine de cette corrélation est fossile, pourquoi la corrélation est-elle meilleure aux petites échelles ? En effet, les grandes échelles ont un temps de retournement long. La turbulence prend longtemps pour la perturber, parfois plus longtemps que le temps de propagation depuis le soleil. Par contre, les petites échelles sont entièrement sous l'influence de la turbulence et ne devraient plus porter la mémoire du passé tant la turbulence les ont fait évoluer.

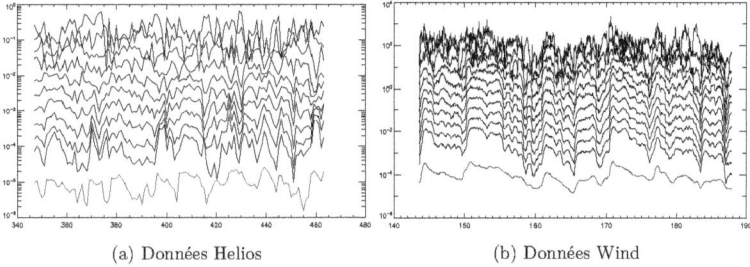

(a) Données Helios   (b) Données Wind

FIGURE 4.7 – Evolution de l'amplitude du spectre de l'énergie magnétique dans les bandes de fréquences de la journée à $1m40$ (a) pour Helios et à 6 secondes pour Wind (b), ainsi que de la température des protons (bleu). Les basses fréquences sont classées par leur amplitude. L'amplitude diminue avec la fréquence, les basses fréquences sont donc en haut et les hautes fréquences en bas.

4.2.3 Un spectre à la pente pas si universelle

Non seulement l'amplitude du spectre varie avec certains paramètres plasmas, mais Grappin et al. (1991) avait déjà découvert que la pente du spectre varie également. Il a ainsi été mis en évidence par Grappin et al. (1990, 1991), sur des échantillons spectraux mesurés par la sonde Helios, que la pente du spectre variait en fonction de nombreux paramètres. La meilleure corrélation observée étant le spectre de l'énergie magnétique avec la température. Parallèlement, Marsch and Tu (1990) observent des corrélations entre les pentes de l'énergie des ondes E^+ et E^-, respectivement ondes d'Alfvén s'échappant ou se dirigeant vers le soleil, et la vitesse du vent. Plus récemment, ces phénomènes ont été redécouverts par Boldyrev et al. (2011) qui montre dans le vent solaire et des simulations une distribution des pentes des spectres magnétique, cinétiques et totaux ; et Salem (2014) qui trouve des corrélations entre les pentes des spectres et la vitesse du vent.

Dans les figures suivantes, on met ce phénomène en évidence. Pour cela, on découpe 2 mois de données magnétiques et cinétiques issues de la sonde Wind en 187 échantillons de 24h, pris toutes les 8 heures. Cette redondance est volontaire afin d'avoir un meilleur échantillon statistique et de marginaliser les éventuelles discontinuités. Dans la mesure où l'information que nous exploiterons sera toujours une réduction de ces mesures temporelles, cette redondance apparente donnera en réalité des mesures supplémentaires pertinentes. Les intervalles sont ensuite répartis dans 12 tranches de températures en fonction de la température moyenne sur l'intervalle. Ces 12 tranches sont choisies de telle sorte qu'elles sont espacées régulièrement et recouvrent l'ensemble des températures représentées. Ensuite les spectres moyens par tranche de température sont calculés. Ces spectres sont alors à leur tour moyennés par gamme de fréquences espacées de manière logarithmique (de raison $\sqrt{2}$) afin d'obtenir des spectres moins bruités.

Ces 12 spectres pour les 12 tranches de température sont représentés figures 4.8. On constate que les spectres s'ordonnent en fonction de la tranche de température. Remarquons que ce sont là des spectres compensés par $f^{5/3}$. Leur amplitude croît avec la température, comme déjà constaté fig. 4.7, mais on constate ici que leur pente en dépend également. On a représenté ici les spectres de l'énergie magnétique. On constate que la pente de la zone inertielle varie continûment en fonction de la température de 1.72 à 1.59.

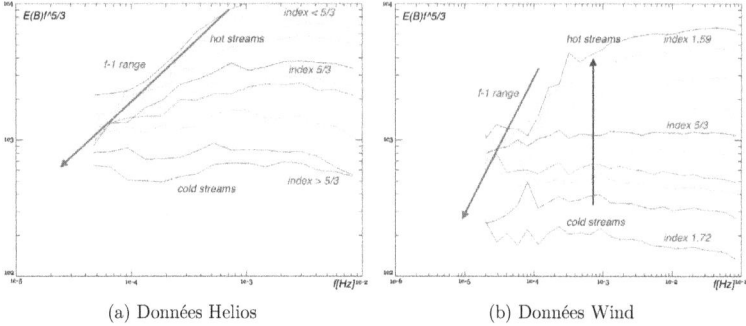

(a) Données Helios   (b) Données Wind

FIGURE 4.8 – Spectres de l'énergie magnétique en moyenne par tranche de température. On constate une amplitude croissante et des pentes décroissantes en fonction de la température. Les spectres sont compensés de telle sorte que $E(f)f^{5/3}$ est représenté. Les mêmes intervalles de température sont représentés par les mêmes couleurs dans les deux figures.

On trouve une dépendance négative entre les pentes des spectres et la température ou la vitesse du vent (qui par ailleurs sont bien corrélées entre elles). On voit sur les figures 4.10 et 4.9 ces corrélations. On constate particulièrement sur la figure 4.10a la présence de deux régimes. D'une part, aux plus faibles températures, une claire corrélation négative entre la pente et la température est observée. Par contre, aux températures plus élevées, il n'y a plus de corrélation et la pente se stabilise autour de 1.63.

Les pentes mesurées dans ces mesures le sont par une méthode qui isole la zone inertielle grâce à la détection de la cassure de pente avec la zone en f^{-1} puis évalue la pente du spectre grâce à une méthode du χ^2 sur le spectre compensé. Bien qu'un peu complexe, cette méthode s'est avérée particulièrement efficace. Si la cassure n'est pas correctement évaluée, la mesure de la pente grâce au calcul d'une pente sur une gamme de fréquence donnée peut introduire des erreurs de mesures. Ainsi, si on se contente de mesurer la pente sur la dernière décade de fréquences disponible comme c'est souvent fait, on peut trouver des résultats radicalement différents selon la sonde utilisée. Une telle méthode utilisée sur les données Helios , en raison de la zone inertielle réduite (la fréquence maximale est de l'ordre de 1mn), prendra en mesure un partie de la zone en f^{-1} et induira ainsi une erreur dans l'évaluation de la pente de la zone inertielle à proprement dit. La différence de résultats du calcul des pentes de l'énergie magnétique et cinétique entre Wind et Helios est illustrée sur la figure 4.11b. Ces résultats de mesures de pentes d'après la sonde Helios reproduisent ceux obtenus à la figure 7b de (Grappin et al., 1991) (reproduit ici à la figure 4.11a). On constate par exemple que la moyenne des pentes mesurées sur Helios est très éloignée de $(m_B, m_V) = (5/3, 3/2)$ comme on peut le voir sur les mesures Wind. En effet, comme une partie de la zone en f^{-1} est prise en compte sur Helios, pour mesurer une paire de pente à $(5/3, 3/2)$, il faut que la zone inertielle remonte jusqu'à des basses fréquences conséquentes. Ce sont alors les vents lents et froids qui seuls pourront remplir cette condition (cf fig. 4.8 où on peut voir la zone inertielle qui atteint de plus basses fréquences pour les vents lents).

Par ailleurs, on retrouve d'autres corrélations entre les spectres des énergies magnétique (E_B), cinétique (E_V), totale ($E_T = E_B + E_V$) et résiduelle ($E_R = E_B - E_V$) et la température. Sur la figure 4.12, on constate d'une part que l'étendue de la zone inertielle

48

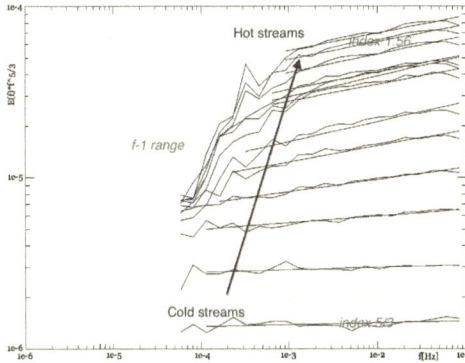

FIGURE 4.9 – Spectres de l'énergie de z^+ moyennée par tranche de température. On a fait figurer sur chaque spectre un segment sur laquelle est estimée la pente du spectre. La limite aux basses fréquences de ce segment est calculée en fonction de l'estimation de la fréquence de cassure de pente. Ainsi la pente de la zone inertielle est calculée en prenant en compte l'étendue de cette zone inertielle.

est plus faible pour les vents chauds (donc les vents rapides) et plus étendue dans les vents froids, et d'autre part une certaine dépendance de la pente spectrale avec la température. Le spectre de l'énergie magnétique voit son indice osciller entre 1.74 et 1.6, l'indice du spectre cinétique est quasi constant autour de 1.5, le spectre de l'énergie totale se trouve entre les deux et varie entre 1.66 et 1.56, enfin le spectre de l'énergie résiduel montre de plus grandes variations, il est moins bien corrélé avec la température comme le montrent les importantes barres d'erreur, et se situe entre 1.7 et 2.2.

4.2.4 La frontière entre le f^{-1} et le $f^{-5/3}$, indice de l'âge du plasma.

On a constaté dans la section précédente la variation de la fréquence de cassure de la pente entre les différentes tranches de température du vent. Par ailleurs, la vitesse du vent est très bien corrélée avec la température. La progression de la cassure de la pente avant la zone inertielle en fonction de la vitesse du vent est en fait la progression de la zone inertielle en fonction de l'âge du plasma.

Cette progression de la cassure de pente en fonction de l'âge du plasma a déjà été mise en évidence par (Bavassano et al., 1982). Leur approche a été de considérer des spectres du vent solaire à des rayons différents. On a reproduit ici leur figure fig.4.13. On distingue très bien les deux régimes en f^{-1} et $f^{-5/3}$. Au fur et à mesure de la progression radiale du vent, on constate que l'amplitude du spectre a diminué, et que la fréquence de la cassure de pente a progressé vers les basses fréquences. Ainsi, au fur et à mesure de la propagation radiale, le plasma évolue de telle manière que la zone inertielle progresse et se nourrit de l'énergie de la zone en f^{-1}. La zone en f^{-1} consiste alors en un réservoir d'énergie pour la zone inertielle. Cette idée sera développée plus tard dans le chapitre 6 pour nos simulations.

Pour mettre en évidence que ce phénomène de progression de la zone inertielle est bien dû à l'évolution non-linéaire progressive de la turbulence, et donc de l'âge non-linéaire du plasma et non uniquement d'une décroissance balistique due à la propagation radiale, on

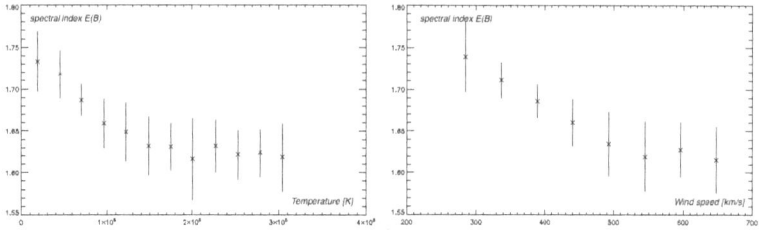

(a) en fonction de la température. (b) en fonction de la vitesse du vent.

FIGURE 4.10 – Dépendance de l'indice spectral de la zone inertielle en fonction de paramètres du plasma. On fait figurer les barres d'erreurs qui représentent un σ de répartition
statistique des pentes mesurées. Données Wind.

choisit d'étudier de manière complémentaire au travail de Bavassano la dépendance de la
fréquence de cassure de pente en fonction de la vitesse du vent. En effet, la vitesse du vent
est un *ersatz* pour l'âge du plasma : à une distance fixée, le temps passé par le plasma
dans le milieu interplanétaire est donné simplement par $T = D/V$.

Comme fait précédemment pour la température, on choisit maintenant de répartir les
différents intervalles d'une journée dans plusieurs tranches de vitesse du vent. Ensuite on
trace ces spectres compensés cette fois par f^{-1} pour mettre en évidence une partie en f^{-1}
commune. On constate alors sur la figure 4.14 que cette partie commune du spectre est
progressivement "rongée" par la cascade turbulente de la zone inertielle.

Enfin, si on mesure la vitesse du vent et la fréquence de cassure de la pente sur deux
mois de données, on constate une très bonne corrélation entre ces deux quantités comme
on peut le voir sur la figure 4.15. Cela concorde avec l'hypothèse de progression du la zone
inertielle avec l'âge du plasma.

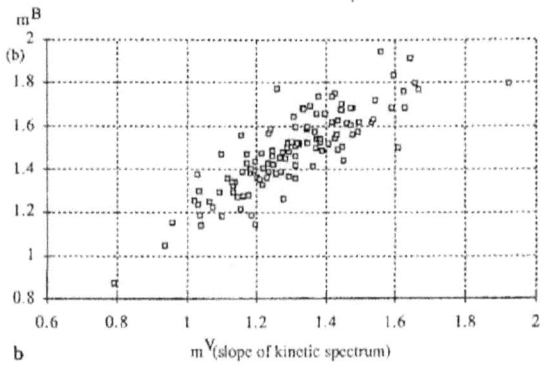

(a) (Grappin et al., 1991)

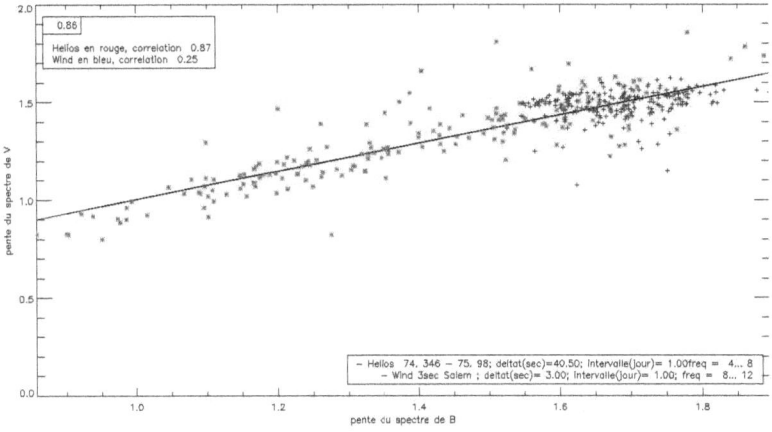

(b) Données Wind et Helios.

FIGURE 4.11 – Pentes de l'énergie magnétique et de l'énergie cinétique calculées sur les deux dernières décades de fréquences, donc sans tenir compte de la cassure en f^{-1}. Mesures à partir des données Wind (bleu) et Helios (rouge). Dans le cas de la mission Helios, on retrouve le même étalement (excessif) du côté des pentes très plates que dans (Grappin et al., 1991)-7b (au dessus). Par contre, la même méthode avec la mission Wind donne des résultats plus corrects car le domaine de fréquence est nettement séparé de la cassure.

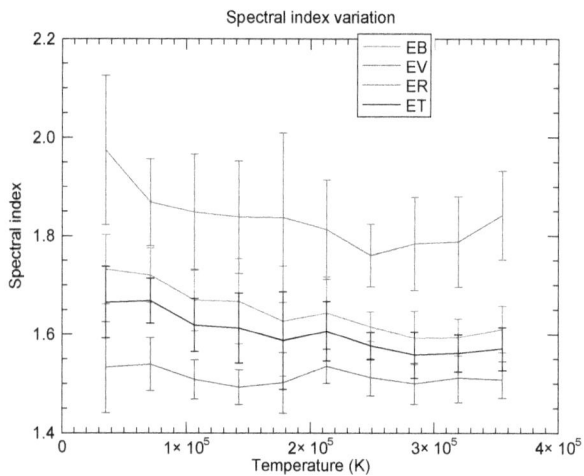

FIGURE 4.12 – Dépendance de l'indice spectral de la zone inertielle des énergies magnétiques, cinétique, totale et résiduelle en fonction de la température. Données Wind.

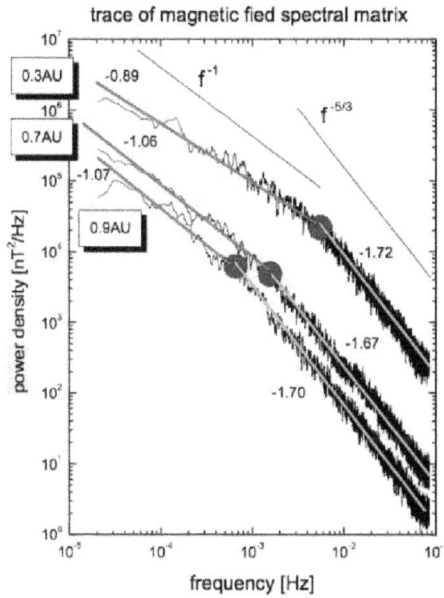

FIGURE 4.13 – Evolution du spectre de l'énergie magnétique pendant le transport par le vent solaire. Données Helios. Extrait de (Bavassano et al., 1982)

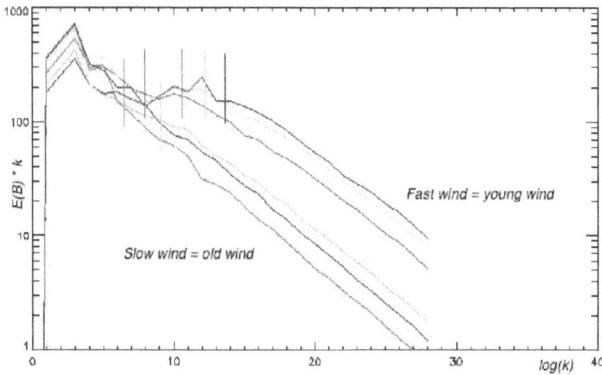

FIGURE 4.14 – Spectres de l'énergie magnétique compensés par k^{-1}, en fonction du nombre d'onde (en abscisse, le logarithme de k) répartis par tranches de vitesse du vent. Les barres verticales figurent la position en fréquence de la cassure de pente entre la zone en k^{-1} et la zone inertielle.

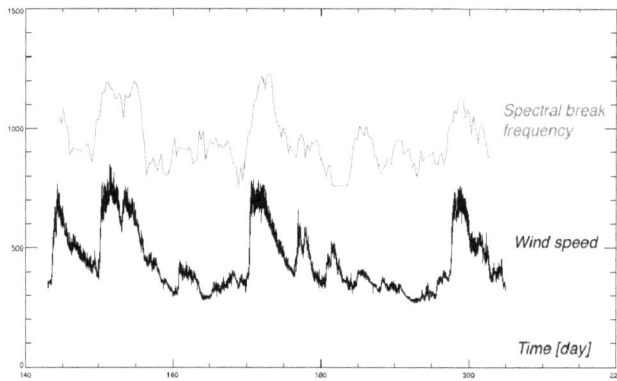

FIGURE 4.15 – Corrélation entre la vitesse du vent (noir) et la fréquence de cassure de pente (vert). Données Wind.

CHAPITRE 5

Le vent solaire, Mesurer une turbulence anisotrope

Si la turbulence dans le plasma de vent solaire présente bien quelques caractéristiques qui la rapprochent d'une turbulence hydrodynamique "classique", la présence du champ magnétique et les équations de la MHD créent un régime bien différent de celui rencontré dans un fluide neutre isotrope.

La turbulence dans le vent solaire est anisotrope. Dans ce chapitre, nous allons nous focaliser sur l'anisotropie engendrée par le champ magnétique moyen.

5.1 Le champ magnétique, source d'anisotropie

Comme on peut le voir sur la figure 4.2, la présence d'un champ magnétique moyen crée une anisotropie spectrale de la turbulence. La distribution des fluctuations diffère selon la direction du vecteur d'onde correspondant dans l'espace de Fourier.

Dans des simulations utilisant le code Expanding Box Model, qui sera expliqué en détails dans le chapitre suivant, on simule un cube périodique de plasma d'après les équations de la MHD compressible.

Dans un milieu homogène muni d'un champ magnétique moyen $\mathbf{B_0} = B_0\mathbf{e_x}$, on part de conditions initiales où l'énergie est concentrée dans les plus grandes échelles $|\mathbf{k}| < 3$ et on simule l'évolution du plasma sous la contrainte de grandes échelles fixes. Ces grandes échelles constituent alors une source d'énergie pour la turbulence qui va se développer. On choisit pour conditions initiales : densité= 1, $B_0 = 1$, $b_{rms} = 1$, div$u = 0$, $u_{rms} = b_{rms}/\sqrt{\rho}$, Mach = 1/10. On représente sur la figure 5.1 le spectre moyenné de manière gyrotropique autour de l'axe x, à différents temps. On observe dans un premier temps le développement d'une turbulence anisotrope, qui favorise la cascade dans la direction des nombres d'ondes perpendiculaires au champ moyen. Par la suite un état quasi stationnaire est atteint où l'anisotropie est toujours présente.

On peut quantifier cette anisotropie de plusieurs manières.

On peut d'une part faire figurer la raison de cette anisotropie et des différents mécanismes (Alfvén et non-linéaire) qui créent anisotropie. C'est pourquoi nous figurons en

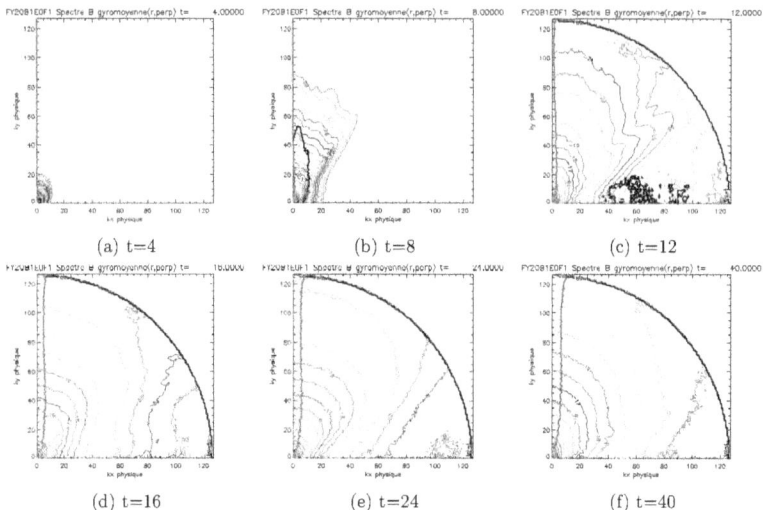

FIGURE 5.1 – Evolution du spectre gyrotropisé de l'énergie magnétique en présence de champ moyen. Simulation homogène avec un champ moyen dans la direction x. On trace des isocontours de l'énergie magnétique, les mêmes niveaux d'énergie sont figurés par les mêmes couleurs. On observe un développement rapide et exclusif de la cascade dans la direction perpendiculaire dans un premier temps $0 < t \leq 12$ puis le développement dans la direction parallèle au fur et à mesure jusqu'à atteindre un état quasi stationnaire au temps $t = 24$ (e). Remarquons que la simulation a été poursuivie jusqu'au temps 80 et qu'il n'y a que très peu de variation du spectre par rapport au temps 40 (f). La courbe rouge proche de l'axe des ordonnées montre l'isocontour $\tau_{NL} = \tau_A$ d'équilibre entre le temps non-linéaire $\tau_{NL} = 1/ku$ et le temps d'Alfvén $\tau_A = 1/k_\parallel B$. Les spectres sont apodisés à partir de $k > 128$ pour éviter les effets d'aliasing. C'est pourquoi l'énergie chute à 0 à partir de $k = 128$.

rouge le lieu des nombres d'onde où $\tau_{NL} = \tau_A$. A partir de l'axe des ordonnées jusqu'à l'isocontour rouge, $\tau_{NL} < \tau_A$, la cascade non-linéaires domine le transfert d'énergie entre échelles. A droite de cette ligne, les échanges Alfvéniques sont plus rapides et imposent un mécanisme de cascade différent. Cette cascade quasi-parallèle particulièrement visible entre $t = 12$ et $t = 16$ pourrait être une conséquence d'un mécanisme de cascade oblique résonante comme décrit dans les travaux de Grappin et al. (2013). On retrouve des spectres similaires montrant une anisotropie similaire dans les travaux de (Grappin and Müller, 2010).

L'anisotropie observée peut être quantifiée de différentes manières. Une méthode simple consiste bien sûr à comparer les spectres dans les directions perpendiculaires et parallèles. Pour cela, on peut comparer les spectres 3D ou les spectres réduits, et on peut établir des indices de l'anisotropie à partir des spectres 3D. Premièrement, on peut comparer les spectres 3D :

$$E_{3D}(k_\parallel, 0) \text{ et } E_{3D}(0, k_\perp) \tag{5.1}$$

C'est la comparaison la plus simple pour mesurer l'anisotropie dans les simulations. Ce-

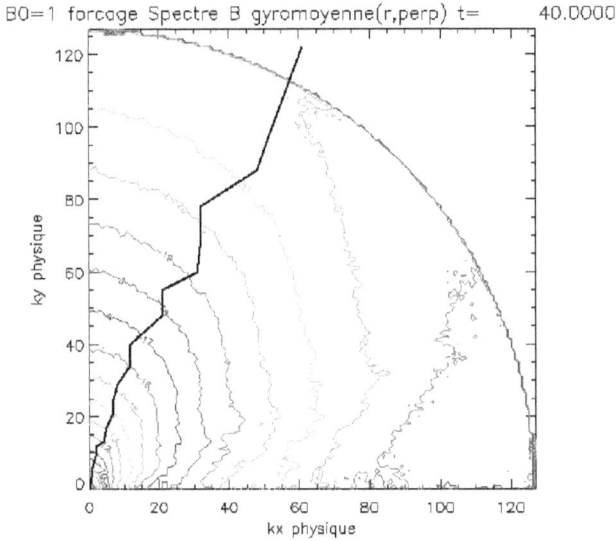

FIGURE 5.2 – Spectre gyrotropisé de l'énergie magnétique dans une simulation sans expansion avec forçage par grandes échelles fixes, au temps 40. En couleur sont les différents isocontours de l'énergie, et en noir figure la courbe des points $(k_\parallel, k_\perp)$ tels que $E_{3D}(k_\parallel, 0) = E_{3D}(0, k_\perp)$ (voir texte). On constate que l'anisotropie est quasi invariante en fonction de l'échelle.

pendant, ce sont des mesures qui risquent d'être bruitées comme le sont tous spectres 3D.

Ensuite, on peut comparer les spectres réduits $E_{1D}(k)$:

$$E_{1D}(k_\parallel) \text{ et } E_{1D}(k_\perp) \tag{5.2}$$

L'avantage est alors moins de bruit dans cette mesure du spectre pour les simulations dans la mesure où le spectre réduit est un spectre intégré $E_{1D}(k_x) = \iint E_{3D}(k_x, k_y, k_z) dk_y dk_z$. De plus, le spectre réduit est la quantité directement mesurée par les sondes.

Enfin, on peut aussi définir des scalaires qui mesurent l'anisotropie à chaque échelle. Ainsi on utilise communément les rapports entre les spectres définis précédemment,

$$\alpha_{3D}(k) = \frac{E_{3D}(k_\parallel = k, 0)}{E_{3D}(0, k_\perp = k)} \tag{5.3}$$

$$\alpha_{1D}(k) = \frac{E_{1D}(k_\parallel)}{E_{1D}(k_\perp)} \tag{5.4}$$

Graphiquement, nous avons fait figurer le lieu des points $(k_\parallel, k_\perp)$ où $E_{3D}(k_\parallel, 0) = E_{3D}(0, k_\perp)$. Cela donne une courbe dans l'espace de Fourier qui dévie d'autant de 45° que le spectre est anisotrope. On montre sur la figure 5.2 un exemple d'une telle courbe indicatrice de l'anisotropie.

Dans les mesures spatiales, nous nous efforcerons pour étudier l'anisotropie des spectres de considérer ces différentes mesures lorsqu'elles seront possibles.

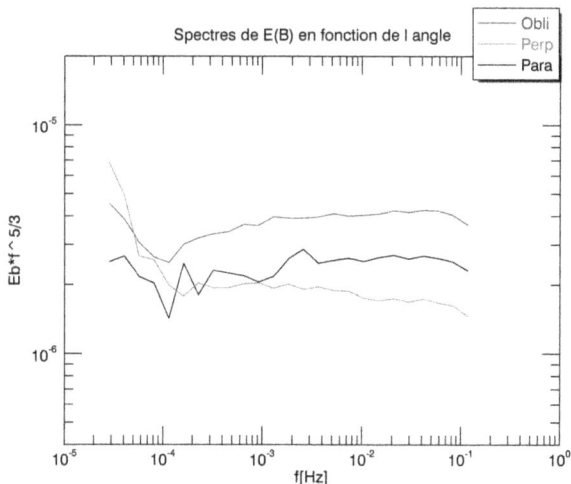

FIGURE 5.3 – Spectre moyen (compensé par $f^{5/3}$) en fonction de la fréquence, regroupés en trois groupes selon l'angle entre le champ moyen et la direction du vent solaire. Champ parallèle $\theta_{W.B} < 20°$ (noir), oblique $30° < \theta_{W.B} < 60°$ (bleu) et perpendiculaire $70° < \theta_{W.B} < 90°$ (rouge). Données Wind, fenêtres d'une journée.

5.2 Mesurer l'anisotropie des spectres réduits

Pour mesurer l'anisotropie du spectre vis-à-vis du champ magnétique moyen, le moyen le plus simple consiste à considérer différents spectres réduits en fonction de l'angle moyen $\theta_{W.B}$, sur la fenêtre, entre le champ magnétique moyen et la direction de l'échantillonnage, c'est à dire la direction du vent :

$$\cos(\theta_{W.B}) = |<\mathbf{B}> . <\mathbf{V}_{SW}>|/|<\mathbf{B}>||<\mathbf{V}_{SW}>| \quad (5.5)$$

Ici, on a sélectionné dans la période étudiée avec la sonde Wind les fenêtres d'une journée où le champ moyen présente un angle proche de la perpendiculaire $\theta_{W.B} > 70°$, proche de la parallèle $\theta_{W.B} < 20°$ et oblique $30° < \theta_{W.B} < 60°$. Sur la figure 5.3, on constate une curieuse variabilité du spectre (ici compensé par 5/3) en fonction de l'angle du champ moyen. A priori les observations obtenues semblent paradoxales, on sait en effet que des observations faites par Chen et al. (2012); Wicks et al. (2011); Forman et al. (2011) montrent que dans le repère local, le spectre parallèle présente une loi d'échelle en k^{-2} et le spectre perpendiculaire en $k^{-5/3}$. Même si la relation entre repère local et repère global est complexe (voir par exemple Matthaeus et al. (2012a)), le fait de trouver une pente plus faible pour les spectres parallèles au champ moyen peut paraître contradictoire. Et l'amplitude plus élevée des spectres aux angles intermédiaires est tout bonnement incompréhensible.

Cependant, un élément à prendre en compte est le fait que ce n'est pas un vent solaire unique que l'on échantillonne parallèlement ou perpendiculairement. Plutôt, certains paramètres qui n'ont pas de raison d'être uniformément distribués entre les différents angles

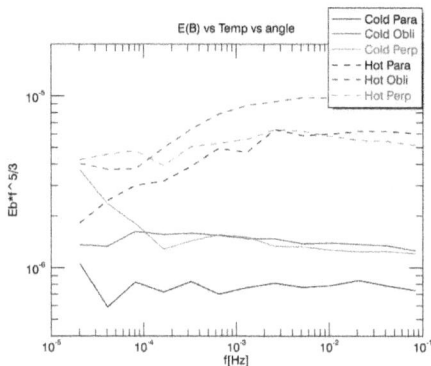

(a) Spectres $E(B)$.

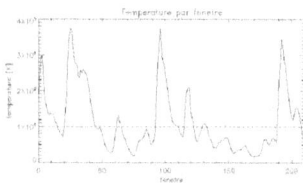

(b) Température des différentes fenêtres

FIGURE 5.4 – Spectre moyen (compensé par $f^{5/3}$) en fonction de l'angle entre le champ moyen et la direction du vent solaire, et la température du vent. Champ moyen parallèle $\theta_{W.B} < 30°$ (noir) et perpendiculaire $60° < \theta_{W.B} < 90°$ (rouge). Vent chaud $(T > 10^5 K)$ et vents froids $(T < 10^5 K)$. Données Wind, fenêtres d'une journée.

$\theta_{W.B}$ influent sur la turbulence du vent. Par exemple, les amplitudes élevées de spectres et pentes faibles sont également le signe des vents chauds. Si dans notre échantillon, les angles obliques sont principalement composés de vents chauds, alors on aura l'impression que les spectres échantillonnés dans la direction oblique présenteront davantage les propriétés des vents chauds et rapides : amplitude plus élevée et pente plus faible.

Pour distinguer cette possible variabilité des vents, on peut isoler ce paramètre (on choisit de séparer les vents $T < 10^5 K$ et les vents $T > 10^5 K$). Sur la figure 5.4, on constate que si on sépare les vents chauds et les vents froids, la différence due à l'angle d'échantillonnage est bien plus faible que la différence spectrale due à la nature des vents.

Dans les vents chauds, il semble que la constatation précédente est toujours valable : les spectres obliques sont toujours (quoique marginalement) moins pentus et présentent une amplitude plus élevée. Les spectres perpendiculaires et parallèles semblent comparables. Par contre, pour les vents lents, on trouve que les spectres échantillonnés dans la direction parallèles sont beaucoup plus faibles.

Il semble donc important de prendre en compte ce paramètre caché dans les comparaisons de spectres angulaires. Ce n'est certainement pas le seul, mais il semble jouer un rôle dominant. On verra un peu plus tard (où le problème reviendra) que la distribution des angles et des températures est loin d'être uniforme et que les angles intermédiaires présentent effectivement davantage de vents chauds (cf. fig. 5.8).

Maintenant que ce biais statistique est en grande partie évacué, il est encore à discuter comment expliquer ces différences avec l'angle. A priori cela ne concorde pas avec les résultats dans les repères locaux[1] récents. Par contre, en terme qualitatif de distance de corrélation, dans le repère global, ces résultats sont en parfait accord avec les résultats sur les fonctions d'autocorrélation de Dasso et al. (2005) (fig.1). Il observe également que les

---

[1] Les définitions des repères locaux et globaux seront explicités au chapitre 5.3.2.

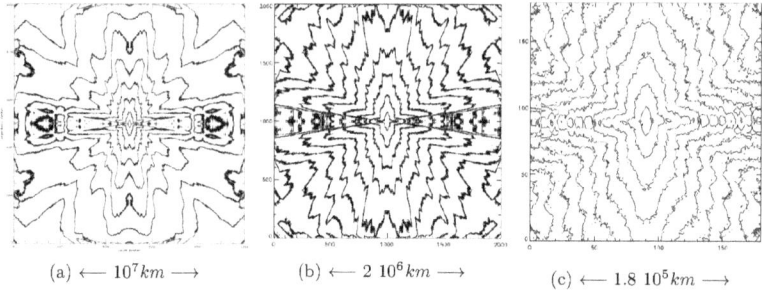

(a) $\longleftarrow 10^7 km \longrightarrow$ (b) $\longleftarrow 2\ 10^6 km \longrightarrow$ (c) $\longleftarrow 1.8\ 10^5 km \longrightarrow$

FIGURE 5.5 – Figures d'autocorrélations à différentes échelles, mesuré dans le repère attaché au *champ moyen global* (voir texte), l'unité de distance ici utilisée est 1000km. La direction parallèle au champ moyen est donnée en abscisse. Ici, l'échelle choisie pour le champ moyen est l'échelle de T =6 heures. (cf. eq. (5.20))

vents lents (froids) montrent une distance de corrélation plus faible (et donc un spectre plus élevé) dans la direction perpendiculaire, et que les vents rapides montrent leur plus faible distance de corrélation dans la direction intermédiaire (d'où la fameuse figure de croix maltaise).

Utiliser les fonctions d'autocorrélation pourrait être un moyen de trancher dans ce débat entre repère global et repère local. En effet, les fonctions d'autocorrélation présentent l'avantage de pouvoir accumuler les échantillons dans un plan 2D (voir section suivante), alors qu'une série de spectres réduits ne peut donner directement un spectre 2D. Elles permettent également de considérer séparément un repère global ou un repère local. Dans la section suivante, nous étudions sous ces différents angles les fonctions d'autocorrélation pour essayer de concilier les points de vue locaux et globaux.

5.3   Anisotropie de l'autocorrélation

Les figures d'autocorrélation sont une mesure des structures d'un fluide turbulent. Par exemple, si on affaire à une onde, la figure d'autocorrélation détectera l'échelle à laquelle l'onde est similaire à elle-même. Les fonctions d'autocorrélation peuvent être temporelles ou spatiales. Si elles sont spatiales, elles donnent une mesure de la répartition de l'énergie dans les différentes échelles et directions spatiales. La fonction d'autocorrélation spatiale s'écrit :

$$R(\mathbf{r}) = \iiint_{\mathbb{R}^3} B(\mathbf{r}' + \mathbf{r}) B(\mathbf{r}') d^3\mathbf{r}' \qquad (5.6)$$

Lorsque l'on mesure deux spectres réduits à deux angles d'échantillonnage différents, on ne peut reconstituer directement le spectre 3D ou gyrotrope car le spectre réduit est une intégration de ces spectres 3D ou gyrotropes.

Par contre, l'autocorrélation selon un échantillonnage donné peut être cumulé à d'autres corrélations pour former une figure de corrélation 3D ou gyrotrope (direction parallèle et perpendiculaire à $\mathbf{B}_0$).

Un très rapide rappel des relations entre *fonction d'autocorrélation*, *fonction de structure* et *spectre* est donné dans l'annexe A.

En effet, si seulement un échantillonnage partiel est calculé, on mesure alors une fonction d'autocorrélation partielle qui se rapprochera davantage de la figure complète au fur et à mesure que l'on accumule les données.

$$R_I(\mathbf{r}) = \iiint_{I(\mathbb{R}^3)} B(\mathbf{r}' + \mathbf{r})B(\mathbf{r}')d^3\mathbf{r}' \qquad (5.7)$$

$$\lim_{I \rightarrow \mathbb{R}^3} R_I = R \qquad (5.8)$$

où $I(\mathbb{R}^3)$ est un sous ensemble de $\mathbb{R}^3$. On peut ainsi cumuler les mesures effectuées à différents angles. Moyennant une hypothèse de Taylor, une hypothèse de gyrotropie, et l'hypothèse que le vent est statistiquement similaire à différents temps, on peut alors tenter de retrouver la figure d'autocorrélation 2D, par rapport à la direction du champ moyen.

A l'aide de données Wind réparties sur 2 mois, nous avons échantillonné les valeurs de l'autocorrélation du champ magnétique en fonction de la différence de position et l'angle par rapport au champ moyen. En choisissant la méthode d'un repère global et sans renormalisation (définies au paragraphe suivant), nous avons moyenné l'autocorrélation dans un carré de 10^7km avec un pas de grille de 1000 km. La figure 5.5 ainsi calculée reproduit correctement le résultat initial de (Matthaeus et al., 1990), dit de "croix maltèse", qui avait été calculé sur un carré de 8 10^6km. Par ailleurs, nous observons au fur et à mesure que l'on réduit l'échelle de corrélation que la croix maltèse initiale donne une figure plus oblongue dans la direction parpendiculaire (carrés de taille respective 10^7km, 2 10^6km et 1.8 10^5km.

Une remarque importante : Si on se fie aux observations de la section précédente concernant le biais statistique des mesures angulaires, on en conclut que la croix maltaise historique de Matthaeus et al. (1990) ne montre pas une structure particulière d'un vent solaire moyen bien identifié mais en grande partie la dépendance de l'amplitude moyenne des fluctuations en fonction de l'angle du champ magnétique avec la radiale $\theta_{W.B}$. Nous verrons un peu plus loin ce qui peut être fait pour palier à cet effet.

Nous nous intéresserons dans la suite davantage aux échelles de la zone inertielle, visible aux fréquences de 10^{-3} à 10^1 Hz ; qui correspondent, pour un vent solaire moyen de $500 km/s$ à observer des boîtes de 5 10^5km avec un pas de grille de 5000km. Dans les autocorrélations suivantes, nous échantillonnerons l'autocorrélation avec un pas de grille de 5000km et une taille maximale de 2 10^6km. Ce qui revient au quart central (linéairement parlant) de la figure 5.5a.

Il existe plusieurs mesures de la fonction d'autocorrélation, et plusieurs méthodes de choisir le champ moyen. Nous allons ici les présenter et présenter quelques figures d'autocorrélations correspondantes.

5.3.1 Une définition de l'autocorrélation ?

Strictement parlant, la définition de la fonction d'autocorrélation est donnée à l'équation (5.6). Mais comme on ne peut pas parcourir l'espace dans toutes les directions pour mesurer cette quantité, nous devons faire l'hypothèse précédemment évoquée que le plasma est spectralement gyrotrope autour du champ magnétique et qu'il ne varie que très peu au cours du temps.

Comment alors reconstruire une fonction d'autocorrélation lorsque l'on a à notre disposition :

$$\mathbf{r}(t), \mathbf{B}(t) \qquad (5.9)$$

la position dans le référentiel du vent solaire et le champ magnétique à chaque instant ?

Pour chaque couple t_1, t_2 de la période de mesure $\mathcal{T}$, une possibilité pour construire une fonction d'autocorrélation est donnée ainsi :

$$\Delta \mathbf{r}^{(t_1,t_2)} = \mathbf{r}(t_2) - \mathbf{r}(t_1) \tag{5.10}$$

$$\Delta r^{(t_1,t_2)} = |\Delta \mathbf{r}^{(t_1,t_2)}| \tag{5.11}$$

$$< \mathbf{B} >^{(t_1,t_2)} = \frac{1}{t_2 - t_1} \int_{t_1}^{t_2} \mathbf{B}(t) dt \tag{5.12}$$

$$\cos \theta^{(t_1,t_2)} = \frac{\Delta \mathbf{r}^{(t_1,t_2)} \cdot < \mathbf{B} >^{(t_1,t_2)}}{|\Delta \mathbf{r}^{(t_1,t_2)}| | < \mathbf{B} >^{(t_1,t_2)} |} \tag{5.13}$$

$$\overline{\mathbf{B}}^{(t_1,T)} = \frac{1}{T} \int_{t_1-T/2}^{t_1+T/2} \mathbf{B}(t) dt \tag{5.14}$$

$$\delta \mathbf{B}(t_1) = \mathbf{B}(t) - \overline{\mathbf{B}}^{(t,T)} \tag{5.15}$$

$$BB^{(t_1,t_2)} = \delta \mathbf{B}(t_1) . \delta \mathbf{B}(t_2) \tag{5.16}$$

$$R(\Delta r, \theta) = \frac{\sum_{t_1,t_2 \in \mathcal{T}^2} BB^{(t_1,t_2)} \delta(\Delta r - \Delta r^{(t_1,t_2)}) \delta(\theta - \theta^{(t_1,t_2)})}{\sum_{t_1,t_2 \in \mathcal{T}^2} N^{(t_1,t_2)} \delta(\Delta r - \Delta r^{(t_1,t_2)}) \delta(\theta - \theta^{(t_1,t_2)})} \tag{5.17}$$

avec $N^{(t_1,t_2)} = 1$ \hfill (5.18)

La fonction d'autocorrélation est donc une moyenne de la corrélation du champ magnétique avec lui-même en fonction d'un décalage spatial donné $(\Delta r, \theta)$. Dans la définition ci-dessus, on choisit de ne pas pondérer cette moyenne, d'où la notation $N^{(t_1,t_2)} = 1$. La somme des corrélations est simplement divisée par le nombre de fois où $(\Delta r, \theta)$ est échantillonné. Mais nous verrons dans la suite au chapitre 5.3.3 que ce choix peut être sujet à débat et mener à des fonctions d'autocorrélations non physiques.

Ici, on introduit également T une échelle de temps qui définit ce qui compose les fluctuations par rapport au champ moyen. Dans la littérature, on utilise une moyenne flottante ou une régression linéaire flottante (cf. (Dasso et al., 2005)).

On obtient ainsi une moyenne statistique de la corrélation des fluctuations du champ magnétique, en fonction de l'échelle et de l'angle avec le champ moyen.

Cette définition qui semble simple nécessite quelques clarifications et questions. Certain choix ne sont pas triviaux et la dépendance du résultat est importante. L'idée derrière chaque choix sera bien sûr de se rapprocher de la définition théorique spatiale (5.6).

5.3.2 Champ moyen global ou champ moyen local ?

Le premier choix porte sur le champ considéré et est sujet à de nombreux débat dans la communauté. Les possibilités suivantes se présentent à nous.

1. On peut souhaiter observer l'effet du champ magnétique moyen sur la corrélation des fluctuations à une échelle donnée. L'idée est alors que pour cette échelle $\Delta \mathbf{r}^{(t_1,t_2)}$, le champ magnétique perçu par les fluctuations est le *champ local*, donc on choisit de définir le champ moyen pour chaque couple de temps (t_1, t_2), et on choisit :

$$< \mathbf{B} >^{(t_1,t_2)} = \frac{1}{t_2 - t_1} \int_{t_1}^{t_2} \mathbf{B}(t) dt \tag{5.19}$$

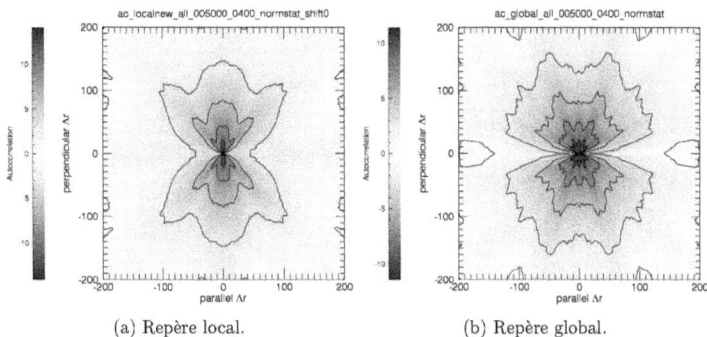

(a) Repère local.   (b) Repère global.

FIGURE 5.6 – Fonctions d'autocorrélations calculées sur toute la période mesurée par Wind, dans le repère local (a) (eq. 5.19) ou le repère global (b) (eq. 5.20). En abscisse, la direction parallèle au champ moyen, en ordonnée, la direction perpendiculaire.

L'inconvénient que Matthaeus et al. (2012b) ont montré est que le choix d'un champ local dans les mesures de fonctions du second ordre (autocorrélation ou fonctions de structures) introduit en réalité des termes d'ordres supérieurs (ordre 4 ou supérieurs). Ainsi, il montre que les fonctions ainsi calculées varient si on leur fait subir un processus de phase aléatoire. Ce processus qui élimine l'intermittence n'affecte en réalité que les ordres supérieurs des fonctions de structures et ne devrait pas avoir de conséquence sur les fonctions d'ordre 2. Ainsi, les fonctions calculées ne sont plus une mesure du spectre de l'énergie mais un élément à recomprendre entièrement.

2. On peut alors choisir de considérer un champ moyen global : Il s'agit alors de choisir une échelle temporelle longue, dans nos cas, on choisira une échelle temporelle correspondant à la taille maximale Δr_{max} que l'on souhaite mesurer. Notons T cette durée.

$$< \mathbf{B} >^{(t_1, t_2)} = \frac{1}{T} \int_{\frac{t_1+t_2}{2}-T}^{\frac{t_1+t_2+T}{2}} \mathbf{B}(t)dt \tag{5.20}$$

En choisissant ainsi un *champ moyen global*, on s'affranchit en partie des questions soulevées par Matthaeus et al. (2012b). Remarquons que l'introduction de termes d'ordre supérieur est à la fois dans la dépendance du champ moyen local en l'échelle et en temps. Ici, le champ moyen ne dépend plus de l'échelle, si $\frac{t_1+t_2}{2} = \frac{t_1'+t_2'}{2}$, alors $< \mathbf{B} >^{(t_1,t_2)} = < \mathbf{B} >^{(t_1',t_2')}$. Mais le champ va tout de même varier en temps. Idéalement, bien sûr, le champ moyen est fixe, et la variation de l'angle permet d'échantillonner différents points de la fonction d'autocorrélation. Cependant, si au cours d'un même échantillonnage, le champ moyen a tourné, alors on introduit des éléments d'ordres supérieurs. En résumé, pour que la fonction mesurée soit la plus proche possible d'une mesure du spectre, il faut que le champ moyen choisi dépende lentement du temps. Une solution pour cela est de mesurer ce champ moyen sur un temps plus long.

3. On peut également choisir de considérer les fluctuations en soustrayant une moyenne locale. C'est à dire qu'au lieu de définir les fluctuations comme la différence entre le champ complet et le champ moyen pris sur l'échelle la plus grande (typiquement 1

jour) :

$$\overline{\mathbf{B}}^{(t_1,T)} = \frac{1}{T} \int_{t_1-T/2}^{t_1+T/2} \mathbf{B}(t)dt \qquad (5.21)$$

$$BB^{(t_1,t_2)} = (\mathbf{B}(t_1) - \overline{\mathbf{B}}^{(t_1,T)}).(\mathbf{B}(t_2) - \overline{\mathbf{B}}^{(t_2,T)}) \qquad (5.22)$$

on choisit plutôt :

$$< \mathbf{B} >^{(t_1,t_2)} = \frac{1}{t_2 - t_1} \int_{t_1}^{t_2} \mathbf{B}(t)dt \qquad (5.23)$$

$$BB^{(t_1,t_2)} = (\mathbf{B}(t_1) - < \mathbf{B} >^{(t_1,t_2)}).(\mathbf{B}(t_2) - < \mathbf{B} >^{(t_1,t_2)}) \qquad (5.24)$$

La différence ici est que les fluctuations sont définies localement. On a l'idée que à chaque échelle, c'est la corrélation des fluctuations *sous cette échelle* que l'on veut mesurer. Ce choix qui peut sembler naturel donne pourtant des résultats atypiques, qui seront détaillés en annexe B pour ne pas alourdir la discussion présente.

Sur la figure 5.6, on représente des fonctions d'autocorrélation mesurées dans le vent solaire par la sonde Wind. On a représenté en couleur la valeur de la fonction d'autocorrélation, les contours noirs représentent les isocontours de valeur 0,0.2,0.4,0.6,0.8 et 1 fois la valeur extrémale, pour donner une idée de la forme générale de l'anisotropie.

Les mesures ont échantillonné une période temporelle de 2 mois et calculé l'autocorrélation en fonction de l'angle de $\Delta \mathbf{r}$ avec le champ moyen, selon les équations (5.10). On a également représenté la différence lorsque l'angle est mesuré dans un champ global et un champ local. Pour ces deux mesures, l'unité spatiale est $5000km$. Cela correspond approximativement à 10 secondes à la vitesse du vent solaire si on approxime la vitesse du vent à $500km/s$. On a choisit dans le cas local de choisir à chaque instant le champ moyen donné par l'équation (5.19). Dans le cas global, le champ est donné par (5.20) avec $T = 1h$. En une heure, la sonde parcourt de l'ordre de $1.8.10^6 km$, ce qui permet de couvrir la boîte de mesure de largeur $200 * 5000km = 10^6 km$.

On retrouve en partie sur la 5.6b l'anisotropie et la forme des fonctions d'autocorrélations observées par (Matthaeus et al., 1990) fig.3 avec une partie élancée principalement dans la direction perpendiculaire.

5.3.3 La normalisation de la fonction d'autocorrélation

Le choix de la normalisation possible dans l'équation (5.17) est également sujet à débat.

1. On peut choisir comme précédemment proposé de simplement prendre la moyenne non pondérée des corrélations pour chaque point de mesure :

$$N^{(t_1,t_2)} = 1 \qquad (5.25)$$

Cette solution semble se rapprocher de la définition initiale eq. (5.6). La valeur en 0 de cette fonction ainsi définie est l'énergie moyenne : $R(\Delta \mathbf{r} = 0) = < \delta B^2 >$. Notons que l'on peut vouloir normaliser cette fonction pour que la rendre sans dimension. Alors on choisira :

$$\tilde{R}(\Delta \mathbf{r}) = \frac{R(\Delta \mathbf{r})}{< \delta B^2 >} \qquad (5.26)$$

de telle sorte qu'elle vale 1 en $\Delta \mathbf{r} = 0$. Bien entendu, une telle renormalisation n'a aucune incidence sur la forme de la fonction.

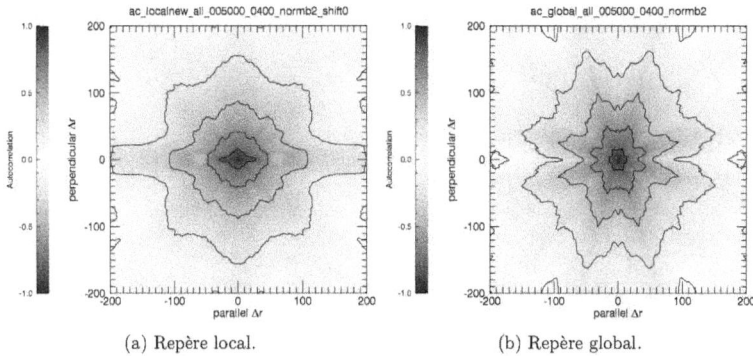

(a) Repère local.   (b) Repère global.

FIGURE 5.7 – Fonction d'autocorrélation calculée sur toute la période mesurée par Wind, normalisée par B^2, voir texte (5.27), dans le repère local (a) (eq. 5.19) ou global (b) (eq.5.20). En abscisse, la direction parallèle au champ moyen, en ordonnée, la direction perpendiculaire. En raison d'échantillonnage insuffisant, les régions sur l'axe des abscisse sont très bruitées.

2. On peut aussi définir la fonction d'autocorrélation comme une fonction normalisée à 1 pour $\Delta\mathbf{r} = 0$ (on parle alors parfois de coefficient d'autocorrélation). S'il s'agit simplement de renormaliser par une constante suivant l'équation (5.26), alors la fonction présentera les mêmes propriétés que R défini précédemment. Cependant, la fonction R défini précédemment peut présenter des valeurs supérieurs à $< \mathbf{B}^2 >$ et donc ce choix pour $\tilde{R}$ peut mener à une fonction $\tilde{R}$ avec des valeurs supérieures à 1. Or, la fonction théorique d'autocorrélation définie (5.6) calculée dans tout l'espace puis normalisée par l'énergie $< \mathbf{B}^2 >$ est toujours ≤ 1. Pour comprendre comment il se peut que l'autocorrélation à échantillonnage imparfait soit supérieure à 1, il faut comprendre que, lorsque l'amplitude du champ B varie beaucoup, il se peut que la fonction d'autocorrélation souffre d'un effet de sous-échantillonnage spatial. Voyons comment on peut remédier à ce problème et son origine.

Choisissons de définir une pondération comme la moyenne des énergies recueillies à ce point d'échantillonnage :

$$N^{(t_1,t_2)} = |\delta\mathbf{B}(t_1)|^2 \tag{5.27}$$

La différence avec le cas (5.26) est que le terme de normalisation dépend de Δr en fonction de l'échantillonnage. On peut alors montrer que la nouvelle fonction $\hat{R}$ ainsi définie vérifie $|\hat{R}| \leq 1$:

$$\hat{R}(\Delta\mathbf{r}) = \frac{\sum_{t_1,t_2 \in \mathcal{T}_1^2} \delta\mathbf{B}(t_1).\delta\mathbf{B}(t_2)\delta(\Delta\mathbf{r} - \Delta\mathbf{r}^{(t_1,t_2)})}{\sum_{t_1,t_2 \in \mathcal{T}^2} \delta\mathbf{B}^2(t_1)\delta(\Delta\mathbf{r} - \Delta\mathbf{r}^{(t_1,t_2)})} \tag{5.28}$$

Or,

$$2|\delta\mathbf{B}(t_1).\delta\mathbf{B}(t_2)| \leq |\delta\mathbf{B}(t_1)|^2 + |\delta\mathbf{B}(t_2)|^2 \tag{5.29}$$

par inégalité triangulaire. Donc :

$$\hat{R} \leq 1 \tag{5.30}$$

Par contre, dans le cas où $N^{(t_1,t_2)} = 1$, on a :

$$\hat{R}(\Delta \mathbf{r}) = \frac{\sum_{t_1,t_2 \in \mathcal{I}_1^2} \delta\mathbf{B}(t_1).\delta\mathbf{B}(t_2)\delta(\Delta\mathbf{r} - \Delta\mathbf{r}^{(t_1,t_2)})}{\sum_{t_1,t_2 \in \mathcal{T}^2} < \delta B^2 > \delta(\Delta\mathbf{r} - \Delta\mathbf{r}^{(t_1,t_2)})} \qquad (5.31)$$

Et rien n'empêche, pour des raisons d'échantillonnage des $\Delta\mathbf{r}^{(t_1,t_2)}$ que $< B^2 > \ll \mathbf{B}^2(t_1)$ Donc il semblerait que la définition de l'eq. (5.27) soit préférable car elle vérifie la propriété que la fonction d'autocorrélation soit inférieure à 1. De plus, cette définition coïncide avec la définition canonique (5.6) lorsque l'échantillonnage est parfait. Pour résumer, on peut dire :

cas idéal	$N = \delta\mathbf{B}^2 = < \delta B^2 >$	$	R_{ideal}	\leq 1$
sans norm.	$N = < \delta B^2 >$	$\tilde{R}	\not\leq 1, \ \tilde{R} \longrightarrow R_{ideal}$
norm. B^2	$N = \delta\mathbf{B}^2$	$\hat{R}	\leq 1, \ \hat{R} \longrightarrow R_{ideal}$

La figure 5.7 montre les fonctions d'autocorrélations calculées selon la normalisation par B^2, dans un repère local ou global. On voit en comparant avec les figures 5.6 que les variations sont bien plus continues que la méthode sans normalisation, en particulier à l'origine autour de $\Delta r = 0$.

L'avantage de normaliser par B^2 est d'isoler un possible biais statistique introduit par le caractère non aléatoire de l'angle du champ moyen, qui est corrélée à la nature du vent (comme on l'a déjà vu au chapitre 5.2).

Sur la figure 5.8, on a tracé la distribution des trois mois de données Wind par fenêtre d'un jour, en fonction de l'angle moyen $\theta_{W,B}$ entre le vent et le champ magnétique moyen d'une part, et en fonction de la température d'autre part. On constate effectivement que pour des vents chauds (et donc rapides), l'angle moyen est compris entre 30° et 45°.

Les points de mesure de la fonction de corrélation proches de l'axe parallèle (ou de l'axe perpendiculaire) ont plus de chance d'avoir été échantillonnés en présence de vent froid (et lent), qui ont une amplitude des fluctuations plus faible (voir fig. 4.7). Ce biais statistique a alors tendance à diminuer la valeur de la fonction d'autocorrélation (qui s'écrit comme $\delta B \delta B'$) autour de l'axe parallèle. C'est ainsi que l'on peut voir que les valeurs des fonctions d'autocorrélations sont systématiquement plus homogènes en angle une fois normalisé par B^2. On constate que les valeurs de la fonction d'autocorrélation sur l'axe parallèle sont plus élevées et plus continues sur les figures 5.7a et 5.7b que respectivement 5.6a et 5.6b.

Un moyen d'étudier ce possible biais statistique est d'isoler la dépendance en nature du vent dans la mesure de la fonction d'autocorrélation.

5.3.4 Fonction d'autocorrélation et paramètres du vent.

Il a été montré par Dasso et al. (2005) que l'anisotropie de la fonction d'autocorrélation dans le vent solaire dépendait de la nature rapide ou lente du vent. Nous avons essayé de reproduire ces résultats et de préciser les conditions de cette anisotropie.

Dépendance de l'anisotropie en fonction de la normalisation et de la nature du vent

Nous avons évoqué précédemment qu'en fonction de la nature du vent, un biais statistique peut se présenter sous la forme d'une amplitude plus faible pour les points mesurés près de l'axe parallèle, dans le cas des vents lents.

Nous montrons ici aux figures 5.9 et 5.10 les fonctions d'autocorrélation en fonction de vent lent ou rapide et la dépendance de la méthode de normalisation. Les fonctions 5.9 sont calculées dans le repère local, et les fonctions 5.10 dans le repère global.

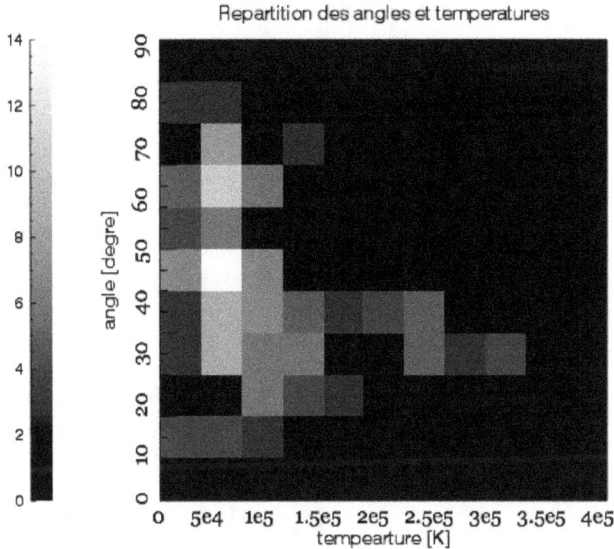

Repartition des angles et temperatures

FIGURE 5.8 – Histogramme des échantillons de longueur une journée sur la période de Wind (mai-juillet 1995), en fonction de la température du vent et de l'angle $\theta_{W.B}$ On voit que les vents rapides présentent des angles principalement compris entre 30° et 45°.

Figures 5.9a et 5.9c. On constate qu'entre vents lents (haut, a et b) et vents rapides (bas, c et d), l'anisotropie est similaire mais les échelles différentes. Aux figures 5.9a et 5.9c on observe que la longueur de corrélation des vents lents est beaucoup plus élevée que celle des vents rapides. Cela est cohérent avec les mesures du chapitre 4.2.3 où on constatait que les vents chauds et rapides présentaient une amplitude des fluctuations plus élevée et une importance relative des petites échelles plus importantes (pente moins forte). Fluctuations plus élevées et petites échelles plus importantes mènent naturellement à une longueur de corrélation plus faible.

Figures 5.9b et 5.9d. Par ailleurs, on constate que l'anisotropie globale de la fonction d'autocorrélation est modifée une fois une normalisation par B^2 effectuée. Étrangement, on retrouve ici les mêmes anisotropies que celle observées par (Dasso et al., 2005), les vents lents présentent une autocorrélation plus allongée dans la direction parallèle, et les vents rapides présentent une forme plus caractéristique de "croix maltèse", bien que Dasso n'ait pas choisit de renormaliser ses calculs. La corrélation parallèle est plus marquée et on peut observer un maximum local de l'autocorrélation situé à $\Delta r_\parallel = 80$. On retrouve ce maximum local dans le cas des vents lents (cf. figs. 5.9a et 5.9b) ainsi que dans le cas des vents rapides renormalisé par B^2 (cf. fig. 5.10d). Cela montre peut-être un motif de corrélation dans la direction parallèle qui était invisible sur les figures sans normalisation. Ce qui semble alors être une corrélation parallèle importante chez Dasso (cf. (Dasso et al., 2005) fig1a) nous semble alors plutôt être un second pic de corrélation lié à une distance caractéristique particulière.

En isolant des vents de nature différente et en normalisant par B^2, nous avons éliminé

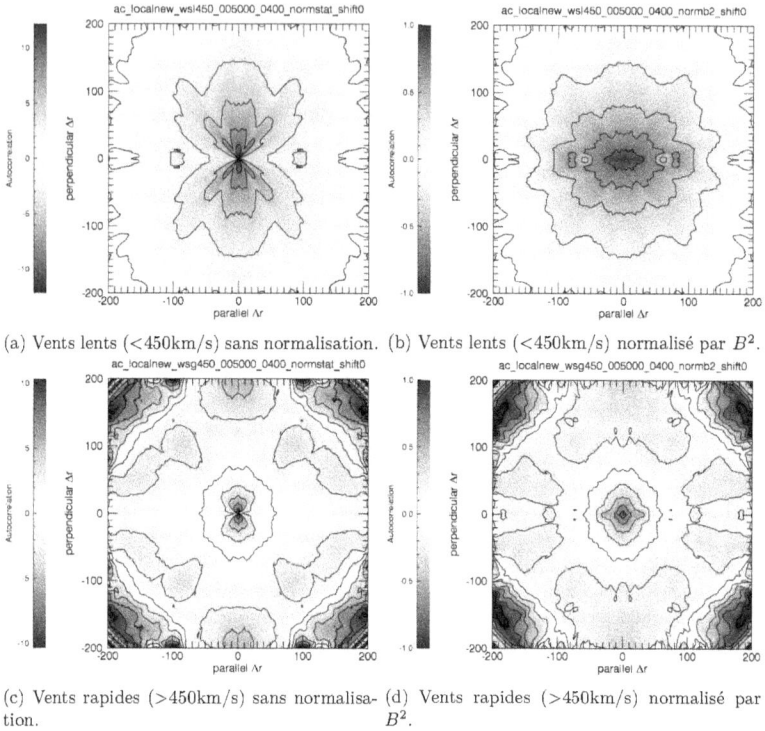

(a) Vents lents (<450km/s) sans normalisation. (b) Vents lents (<450km/s) normalisé par B^2.

(c) Vents rapides (>450km/s) sans normalisa- (d) Vents rapides (>450km/s) normalisé par
tion. B^2.

FIGURE 5.9 – Fonction d'autocorrélation en fonction de vents lents (a,b, en haut) ou rapides (c,d, en bas) et de la normalisation choisie, sans normalisation (a,c, à gauche) ou normalisé par B^2 (b,d, à droite). Mesures dans le repère local.

une partie du biais d'anisotropie et sommes donc plus proches de la mesure "photographique" spatiale.

Figures 5.10. Sur ces figures, on a représenté les fonctions d'autocorrélation dans le repère global. On constate à première vue peu de différence avec les figures dans le repère local, mais les détails de la corrélation, notamment le second pic ne pas visible. Au contraire, on semble décerner un minimum local de la corrélation à une distance un peu plus élevée (120 unités, sur l'axe parallèle). Les différences intrinsèques dues au choix du repère seront analysées et étudiées dans la section suivante.

On peut résumer ces mesures ainsi : isoler vents lents et vents rapides permet de distinguer de manière pertinente deux régimes de structures différentes. Les vents lents présentent une longueur de corrélation beaucoup plus grande que les vents rapides. Mais contrairement à ce que ferait penser les mesures non normalisées, ce qui apparaissait comme une "croix maltèse" ressemble davantage à un second maximum de la corrélation et donc peut-être des ondes. Les mesures dans le repère global semble perdre une part de ces détails, et nous allons maintenant nous pencher sur l'effet d'un repère global.

Dépendance en fonction du repère et de b_{rms}/B_0

La fonction d'autocorrélation est une mesure de la taille des structures et de la répartition de l'énergie entre ces structures. La question à laquelle on souhaite répondre est celle du rôle du champ magnétique moyen dans l'anisotropie du plasma. Pour cela, il est parfois recommandé de considérer des repères locaux plutôt que globaux (cf. Goldreich and Sridhar (1995)) avec l'idée que les repères globaux ne peuvent représenter correctement l'anisotropie sous la contrainte du champ magnétique local pour chaque échelle.

Cependant, il est un cas où repère global et repère local devraient présenter des résultats similaires. Il s'agit des situations où $b_{rms}/B_0 \ll 1$. Alors les variations possibles d'angle lorsque l'on change de repère devraient être beaucoup plus faibles et les deux repères se retrouver identiques.

Sur les figures 5.11, on représente à gauche des figures d'autocorrélations dans le repère local, et à droite dans le repère global. Puis on a sélectionné des intervalles en fonction de la valeur de b_{rms}/B_0. On constate ainsi que pour des petites valeurs de b_{rms}/B_0, le changement d'un repère local à un repère global ne change que très marginalement la forme de la fonction d'autocorrélation. Par contre, pour des valeurs de b_{rms}/B_0 de plus en plus élevées, on constate que les détails de la fonction d'autocorrélation mesurée dans le repère local sont au fur et à mesure effacés par la moyenne angulaire que constitue le passage de repère local à repère global.

On voit par ailleurs que la valeur de la fonction d'autocorrélation chute également plus rapidement vers 0 pour les grands Δr au fur et à mesure que l'on choisit des valeurs de b_{rms}/B_0 plus élevées. Ceci est un phénomène intrinsèque à ce choix dans la mesure où une valeur de b_{rms}/B_0 plus élevée présagera également d'une amplitude plus élevée des fluctuations.

Bien que pertinentes dans le cas général pour mieux distinguer certaines structures, notamment parallèles, la nécessité absolue du repère local et les aberrations possibles qu'il introduit ne sont plus justifiées dans le cas où le rapport b_{rms}/B_0 est faible.

5.4 Mesurer l'anisotropie des spectres

De nombreux résultats théoriques, observationnels et numériques prédisent et montrent une anisotropie importante en présence d'un champ magnétique moyen important. Cette anisotropie serait idéalement observée sur le spectre 3D de l'énergie.

$$E_{3D}(\mathbf{k}) = |\mathcal{F}_{3D}((\mathbf{r}))|^2 \tag{5.32}$$

Où $\mathcal{F}_{3D}((\mathbf{r}))$ est la transformée de Fourier 3D du champ magnétique $(\mathbf{r})$.

Mais d'autre part, lorsqu'une sonde mesure des données de champ magnétique *in situ*, la mesure est dépendante du temps, et on en déduit usuellement un spectre 1D :

$$E_{Sonde}(\omega) = |\mathcal{F}_{1D}((t))|^2 \tag{5.33}$$

Où $\mathcal{F}_{1D}$ est la transformée de Fourier 1D.

Dans ces deux cas, le théorème de Wiener-Khintchine relie la transformée de Fourier et la fonction d'autocorrélation.

$$
\begin{array}{ccc|ccc}
B(t) & \overset{\rightarrow}{\circledast} & R(t) & B(\mathbf{r}) & \overset{\rightarrow}{\circledast} & R(\mathbf{r}) \\
\mathcal{F}_{1D} \downarrow & & \mathcal{F}_{1D} \downarrow & \mathcal{F}_{3D} \downarrow & & \mathcal{F}_{3D} \downarrow \\
\widehat{B}(\omega) & \overset{\rightarrow}{||^2} & E(\omega) & \widehat{B}(\mathbf{k}) & \overset{\rightarrow}{||^2} & E_{3D}(\mathbf{k})
\end{array}
\tag{5.34}
$$

Où R est la fonction d'autocorrélation définie dans la section précédente eq. (5.6).

Ensuite, moyennant l'hypothèse de Taylor (cf section 4.1.2), on peut associer cette mesure temporelle à une mesure spatiale.

$$
\begin{aligned}
E_{Sonde}(\omega) &= |\mathcal{F}((t))|^2 & (5.35)\\
&= \mathcal{F}(R_{Sonde}(t)) & (5.36)\\
&= 1/V_{SW}\mathcal{F}(R_{Sonde}(r/V_{SW})) & (5.37)\\
&= 1/V_{SW}E_{1D}(kV_{SW}) & (5.38)
\end{aligned}
$$

A partir de différentes mesures de $R_{Sonde}(r/V_{SW})$, nous pouvons alors échantillonner différentes valeurs de $R(\mathbf{r})$. Ainsi, même si la mesure tridimensionnelle de $B(\mathbf{r})$ à un moment donné nous est inaccessible, nous pourrons tout de même accumuler des valeurs de $R(\mathbf{r})$. Ceci nous donne la possibilité de reconstruire la fonction d'autocorrélation 2D du vent solaire, en fonction de l'angle entre la vitesse du vent et le champ magnétique.

L'hypothèse ici revient à considérer le plasma comme un bloc de fluide gelé, dont l'axe de symétrie principal est donné par le champ magnétique moyen. Ensuite ce bloc est mesuré à plusieurs reprises dans différentes directions en fonction de la vitesse du vent. En résumé, on suppose que la mesure de l'autocorrélation ne dépend statistiquement au final que de l'angle entre le champ moyen et la direction du vent (quasi-radiale). Cette hypothèse sera remise en cause dans le prochain chapitre, mais semble raisonnable à très petites échelles.

Enfin, une fois cette fonction d'autocorrélation 2D reconstruite, on fait alors une hypothèse de gyrotropie et en déduit une fonction d'autocorrélation 3D. De cette fonction d'autocorrélation 3D, on peut déduire un spectre 3D, qui sera bien entendu gyrotrope à son tour.

$$R(t_1, t_2) + V_{SW}(t) \Rightarrow R(r, \theta_{B_0}) \Rightarrow E_{3D}(k, \theta_{B_0}) \tag{5.39}$$

La relation qui relie l'autocorrélation 2D (donc gyrotrope) au spectre gyrotrope s'écrit ainsi : (Les coordonnées sont cylindriques. z est la direction parallèle, r le rayon perpendiculaire.)

$$
\begin{aligned}
E_{3D}(k_r, k_z, \phi) &= \mathcal{F}(R_{3D}(r, z, \theta)) & (5.40)\\
&= \int_r \int_z \int_\theta R_{3D}(r, z)e^{i(k_z z + k_r r(cos(\theta)cos(\phi)+sin(\theta)sin(\phi)))} r\ d\theta dr dz & (5.41)\\
&= \int_r \int_z \int_\theta R_{3D}(r, z)e^{i(k_z z + k_r r cos(\theta - \phi))} r\ d\theta dr dz & (5.42)\\
&= \int_r \int_z \int_\theta R_{3D}(r, z)e^{i(k_z z + k_r r cos(\theta))} r\ d\theta dr dz & (5.43)
\end{aligned}
$$

$E_{3D}(k_r, k_z, \phi)$ ne dépend pas de ϕ. $\tag{5.44}$

$$E_{3D}(k_r, k_z) = \pi \mathcal{F}_z \left(\int_{r=0}^{\infty} R_{3D}(r, z)\mathrm{J}_0(k_r r) r dr \right) \tag{5.45}$$

où J_0 est la fonction de Bessel d'ordre 0.

Il aurait été intéressant de pouvoir pousser cette étude jusqu'à retrouver des spectres à partir des fonctions de corrélations. Mais d'une part le bruit inhérent au calcul des fonctions d'autocorrélation rend pratiquement impossible de faire une transformée de Fourier dessus et retrouver des pentes typiques de spectres. Il y a toujours trop de bruit et le spectre en est couvert. D'autre part, ce problème de bruit statistique est amplifié près de l'axe parallèle où il y a moins d'angle solide susceptible d'échantillonner cette partie de l'espace $(\Delta r_{\parallel}, \Delta r_{\perp})$.

Il faudrait pour cela utiliser à la fois des échantillons de données très importants, de l'ordre de l'année, tout en garantissant une certaine homogénéité sur ces données, qui ne peut pas être garanti pour des périodes aussi longues.

Cependant, ce travail permettrait d'accéder au spectre 3D gyrotrope, mesure précieuse dans le débat actuel sur l'anisotropie de la turbulence, à des échelles inaccessibles aux mesures multi-spacecraft.

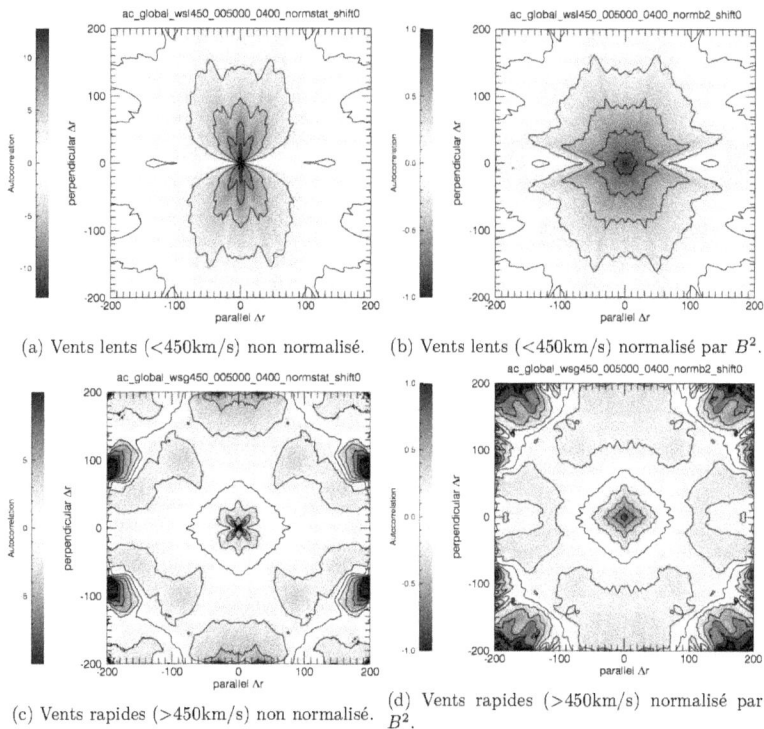

(a) Vents lents (<450km/s) non normalisé. (b) Vents lents (<450km/s) normalisé par B^2.

(c) Vents rapides (>450km/s) non normalisé. (d) Vents rapides (>450km/s) normalisé par B^2.

FIGURE 5.10 – Autocorrélations calculées dans le repère global par rapport au champ magnétique moyen, non normalisés ou normalisés par B^2. Différence entre vents lents et vents rapides. On observe que les vents rapides présentent une longueur caractéristique de corrélation plus courte, le premier 0 est situé vers ~ 60 unités de distance dans les vents rapides contre ~ 200 unités dans le vent lent. Cela est cohérent avec une amplitude plus élevée et une pente du spectre plus faible dans les vents rapides. Il y a plus de fluctuations et les petites échelles sont plus importantes.

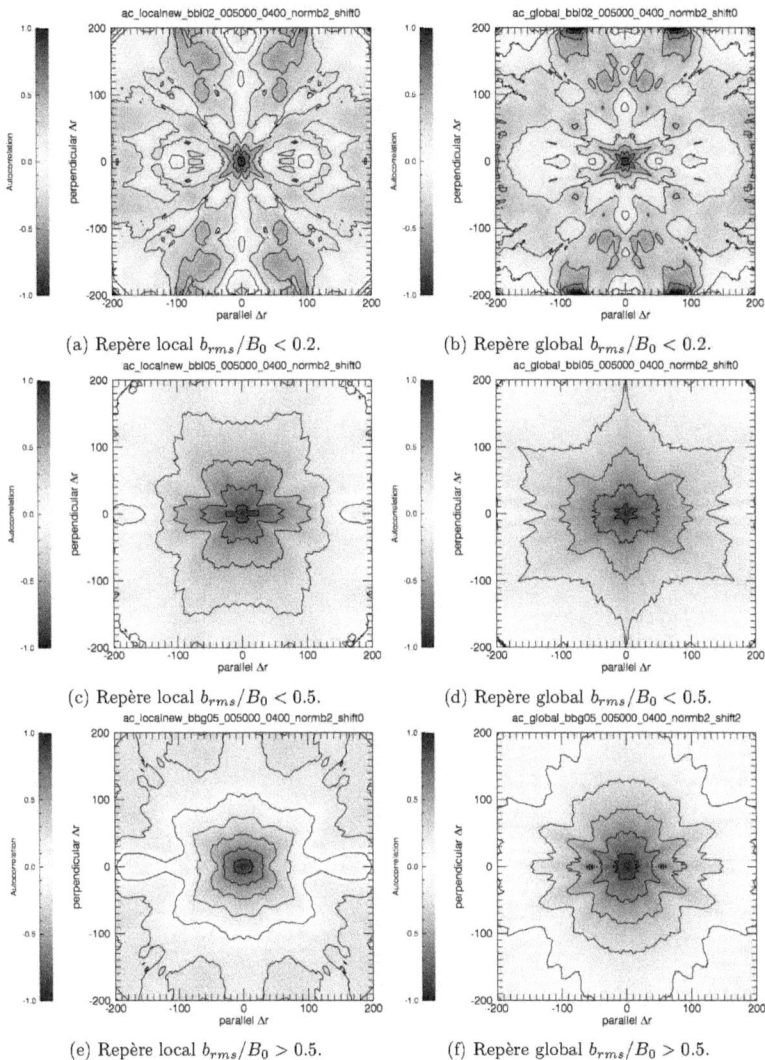

(a) Repère local $b_{rms}/B_0 < 0.2$.

(b) Repère global $b_{rms}/B_0 < 0.2$.

(c) Repère local $b_{rms}/B_0 < 0.5$.

(d) Repère global $b_{rms}/B_0 < 0.5$.

(e) Repère local $b_{rms}/B_0 > 0.5$.

(f) Repère global $b_{rms}/B_0 > 0.5$.

FIGURE 5.11 – Figures d'autocorrélation. En fonction du repère local (gauche) ou global (droite) et de b_{rms}/B_0. On constate que conformément à l'intuition, lorsque b_{rms}/B_0 diminue, la différence entre l'autocorrélation dans les repères global et local s'estompe.

CHAPITRE 6

Le vent solaire, une turbulence sous influence de l'expansion

Le champ de vitesse du vent solaire peut se décomposer en un champ de vitesse moyen (radial dans un système de coordonnées attaché au soleil) et un champ de vitesse fluctuant. L'évolution du champ fluctuant (la turbulence) dépend beaucoup du fait que le champ de vitesse est radial.

Cette vitesse moyenne radiale a de lourdes conséquences sur le champ fluctuant (la turbulence). Le champ moyen radial impose comme on va le voir une anisotropie caractéristique aux grandes échelles de la turbulence, et en même temps impose une variation systématique des propriétés moyennes du plasma au cours du transport du plasma à partir du soleil. Dans ce chapitre, nous allons étudier l'effet du champ de vitesse radial sur la turbulence de vent solaire.

Dans un premier temps, nous procéderons à une approche simplifiée avec le modèle en couche de Tu et al. (1984) pour bien comprendre le mécanisme de gel de la turbulence et de compétition entre temps non-linéaire qui caractérise la vitesse du transfert turbulent et temps d'expansion qui caractérise la vitesse à laquelle l'expansion éloigne les structures turbulentes.

Dans un second temps, nous présenterons les hypothèses, la mise en place et les résultats principaux du modèle de boîte en expansion EBM. Cette partie sera présentée sour la forme d'un article accepté par Astrophysical Journal en août 2014. EBM consiste en une modification des équations de la MHD compressible (3D) prenant en compte les effets linéaires de l'expansion. Il faudrait pour être absolument correct utiliser une approche cinétique pour décrire le système. Mais une telle description ne permettrait pas d'inclure les grandes échelles, pour des raisons numériques, or ce sont ces grandes échelles qui nous intéressent ici. On ne peut alors que se replier sur une solution plus accessible pour l'étude des grandes échelles, la MHD compressible avec des termes standards pour des dissipations visqueuse, résistive et conductive. L'idée d'EBM est d'écrire les équations de la MHD dans un repère sphérique, de supposer une vitesse d'expansion radiale constante et dominante, puis d'en déduire les équations de la MHD dans le repère en expansion en soustrayant cette vitesse radiale. Le résultat donne de nouvelles équations sur les champs magnétiques et cinétiques (déduits de cette vitesse) auquel s'ajouteront des termes dus à ces changements de référentiels. On conserve alors les termes linéaires suivant une approximation d'angle faible. On peut alors suivre une boîte de plasma au cours de son éloignement du soleil et étudier l'évolution de la turbulence sous la contrainte de cette expansion. Les effets de l'expansion sont

- un allongement cinématique de la taille de la boîte de plasma dans les directions perpendiculaires à l'expansion (choisi radial), cet allongement impacte les gradients de manière anisotrope, et donc les termes non-linéaires qui forment la cascade turbulente

- un amortissement de certaines composantes (on pourra appeler par abus de langage *polarisations* ces composantes) des champs magnétiques et cinétiques dus à la conservation des invariants linéaires (moment cinétique et flux magnétique).

Ce modèle a été introduit et de telles études des effets de l'expansion ont auparavant été effectuées en utilisant des versions 1D et 2D du code EBM (Grappin et al. (1993); Grappin and Velli (1996); Grappin (1996)). Les résultats précédemment établis montraient les phénomènes suivants : la destruction systématique d'une onde d'Alfvén 1D à équilibre de pression par l'expansion, due à la rotation en sens opposé du champ magnétique et du vecteur d'onde ; plus généralement, la décroissance de l'alfvénicité, proche de la décroissance observée dans le vent solaire ; et un ralentissement important de la cascade turbulente par l'expansion. D'autres travaux étudient la transformation systématique de l'onde d'Alfvén en ondes magnétosonores (instabilité paramétrique) à l'aide d'EBM, dans sa version MHD ou hybride, tels que Tenerani and Velli (2013); Matteini et al. (2006). Ici, on n'évoquera pas les ondes magnétosonores car leur rôle est négligeable. Les simulations que l'on étudie sont réalisées à des nombres de Mach faibles ($M \approx 1/10$) et l'énergie des ondes compressibles est donc d'autant réduite. Dans le vent solaire, les ondes compressibles sont amorties par un effet Landau que l'on ne modélise pas, mais à nouveau, leur faible amplitude ici nous permet de ne pas nous soucier de ce problème.

Les travaux précédents utilisant EBM étaient restreints aux dimensions 1 ou 2D, donc ne permettaient pas d'étudier une turbulence pleinement développée. Pour étudier ces questions dans le cadre plus général d'une turbulence pleinement développée, nous allons considérer ici pour la première fois la version 3D de l'EBM. Les résultats de simulations numériques nous permettront de comparer systématiquement les anisotropies d'amplitude (des composantes des champs mangétiques et cinétiques) et de loi d'échelle à celles observées dans le vent solaire, ainsi que les taux de décroissance des amplitudes, résultant de la compétition entre couplages non-linéaires, effets linéaires dus à l'expansion et effets linéaires dus au champ magnétique.

Ensuite, nous nous pencherons plus particulièrement sur la question du gel de la turbulence. Nous analyserons la vitesse de décroissance de l'énergie à chaque échelle en présence d'expansion comparée à la décroissance attendue en la seule présence de la cascade turbulente. On quantifiera le ralentissement ou parfois le gel de cette turbulence pour chaque nombre d'onde et les conséquences d'un champ moyen.

On constate dans nos simulations un effet inattendu. A partir d'un spectre isotrope, les effets combinés des décroissances linéaires dues à l'expansion et WKB mènent à des

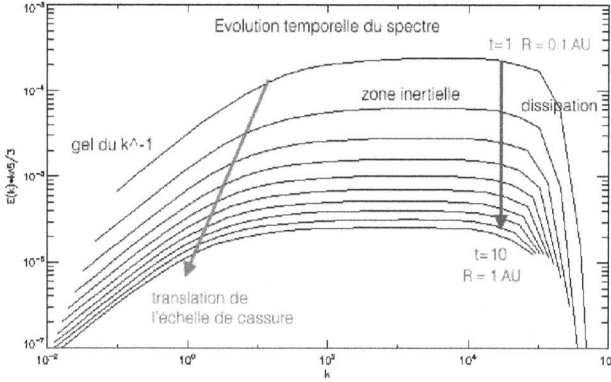

FIGURE 6.1 – Évolution temporelle du spectre 1D isotrope $E_{1D}(k)$ (compensé par $k^{5/3}$) résultant de l'intégration des équations du modèle shell discret décrit à l'équation (6.3). L'évolution temporelle amortit le spectre. Le premier temps correspond au spectre à l'amplitude la plus élevée. On constate aux petites échelles (grands nombres d'ondes) $1 \sim 10 < k < 10^4 \sim 10^5$ une zone inertielle avec une pente en $k^{5/3}$. Aux grandes échelles $k < 1 \sim 10$, on constate la persistance du spectre des conditions initiales en k^{-1}. On remarquera qu'une telle persistance n'a pas lieu sans les termes d'expansion.

niveaux différents pour les champ magnétiques et cinétiques. Cette différence d'ordering à différentes échelles, en partie traitée dans l'article, donnent lieu à des semblants de pentes différentes pour les champs magnétiques et cinétiques. Ce phénomène vient alors s'ajouter aux mécanismes dynamo locale et non-linéaire pour introduire un phénomène de pseudo-pente à des échelles non turbulentes qui ne devraient donc pas présenter les caractéristiques de la zone inertielle.

Enfin, nous présenterons un modèle en couche inspiré de celui de Tu et al. (1984), auquel on ajoutera les équations régissant les différentes composantes des champs magné-tiques et cinétiques pour expliquer plus en détails les anisotropies de polarisation observées dans l'article. Ce petit modèle contient les effets linéaires dus à l'expansion pour chaque composante ainsi qu'un noyau non-linéaire de modèle shell pour retrouver une cascade simplifiée. On reproduit alors le gel des grandes échelles, les orderings des différentes com-posantes et les indices spectraux de la zone inertielle.

6.1 Le modèle de Tu, Pu et Wei pour comprendre les échelles de temps

Un modèle *shell* est un modèle simplifié des interactions entres différentes échelles, souvent utilisé pour étudier la turbulence. Au lieu d'y simuler les champs spatiaux ou spectraux, on choisit d'y simuler les énergies agrégées par couches sphériques de nombre d'onde. Le modèle de Tu et al. (1984) est un modèle shell continu de la turbulence qui prend en compte les effets d'amortissement dus à l'expansion du plasma suivant l'éloignement du soleil et un effet d'étirement isotrope.

On peut s'inspirer de ce modèle pour écrire simplement un modèle discret et l'évolution de l'énergie totale. Pour chaque couche concentrique d'énergie situé entre $k_n = k_0 * d^n$ et $k_{n+1} = k_0 * d^{n+1}$, on appelle E_n l'énergie et u_n l'amplitude représentative du champ, avec

$$E_n = u_n^2/2 = \int_{k_n}^{k_{n+1}} E(k)dk \qquad (6.1)$$

où E(k) est le spectre 1D isotrope.

A partir du noyau classique des modèles en couches, qui simule les transferts locaux non-linéaires (déjà présenté eq. 1.18),

$$\partial_t u_n = k_{n-1} u_{n-1}^2 - k_n u_n u_{n+1} \qquad (6.2)$$

on introduit l'expansion isotrope de l'espace au fur et à mesure que l'on suit le plasma pendant son éloignement du soleil. Cette expansion se matérialise sur les gradients, qui vont voir leur échelle s'étirer et sur la conservation des flux magnétiques et moments cinétiques, qui se résume ici en un amortissement linéaire. Cette amortissement linéaire, que l'on peut dériver d'un changement du référentiel eulérien lié au soleil au référentiel lagrangien qui suit le plasma, se résume à une évolution du flux magnétique en $B/\sqrt{\rho} \sim 1/R$ et des moments angulaires en $u \sim 1/R$. On y ajoute un terme dissipatif aux petites échelles. Le choix de ce terme n'est pas important dans la mesure où son unique rôle est de dissiper l'excès de petites échelles. Par contre, dans la mesure où l'énergie décroît avec la distance, on choisit de faire décroître la valeur du terme dissipatif en accord.

$$\partial_t u_n = \widetilde{k_n} u_{n-1} u_n - \widetilde{k_{n+1}} u_{n+1}^2 - \frac{U}{R(t)} u_n - \widetilde{\nu} k_n^2 u_n \qquad (6.3)$$

$$R(t) = R_0 + Ut \qquad (6.4)$$

$$\widetilde{k_n} = \frac{k_n}{R(t)} \qquad (6.5)$$

$$\widetilde{\nu} = \frac{\nu_0}{R(t)} \qquad (6.6)$$

Ici, on choisit comme dans le modèle EBM (voir section 6.2) une vitesse constante du vent solaire. Bien que non réaliste aux faibles distances (<0.1 U.A), cette hypothèse est acceptable au delà.

On choisit de partir d'un spectre en $E_{1D}(k) = k^{-1}$, qui se traduit par :

$$E_n = \int_{k_n}^{k_{n+1}} E_{1D}(k)dk = cste \ , \ u_n = cste \qquad (6.7)$$

En intégrant le système (6.3)-(6.6) avec les conditions initiales (6.7), on obtient les résultats suivants (cf. figure 6.1) :

- *Aux plus grandes échelles*. On constate tout d'abord la translation vers des échelles de plus en plus grandes de l'intervalle de nombres d'ondes calculés.

- *Dans l'intervalle* $10^{-2} < k < 10$. La pente du spectre en k^{-1} est bien conservée et chute de manière auto-similaire.

- *Dans l'intervalle* $1 < k < 10^5$. On observe une pente en $k^{-5/3}$ caractéristique d'un transfert local de l'énergie des grandes échelles vers les petites. Bien que notre système ne soit ni turbulent ni chaotique, cet intervalle spectral est le lieu d'un transfert non-linéaire qui reproduit bien le spectre moyen d'un état turbulent.

- *Translation de l'échelle de cassure.* On constate que l'échelle de cassure de pente se déplace vers les grandes échelles. Cela est dû d'une part à l'expansion transverse du domaine, et d'autre part à la compétition entre temps d'expansion $\tau_{exp} = (U/R)^{-1}$ et temps non-linéaire de transfert de l'énergie $\tau_{NL} = (k_n u_n)^{-1}$. Remarquons que cette cassure de pente n'est pas instantanée, elle s'étend sur une décade de nombre d'onde.

- Enfin, les échelles $k > 10^5$ dissipent l'énergie des grandes échelles.

Bien que simple, ce modèle nous donne une idée des éléments par lesquels caractériser les effets de l'expansion sur le vent solaire. Ce sont ces éléments que nous chercherons à observer dans les études numériques MHD 3D turbulente qui suivent avec le modèle de la boîte en expansion (EBM).

6.2 La boîte en expansion, un modèle MHD de la turbulence dans le vent solaire

Article accepté par Astrophysical Journal : "Evolution of turbulence in the expanding solar wind, a numerical study"

SUBMITTED MAY 30, 2014
Preprint typeset using LATEX style emulateapj v. 08/22/09

EVOLUTION OF TURBULENCE IN THE EXPANDING SOLAR WIND, A NUMERICAL STUDY

YUE DONG
LPP, Ecole Polytechnique, 91128 Palaiseau, France.

ANDREA VERDINI
Dipartimento di Fisica e Astronomia, Università degli studi di Firenze, Firenze, Italy;
SIDC-STCE, Royal Observatory of Belgium, Bruxelles, Belgium.

ROLAND GRAPPIN
LUTH, Observatoire de Paris, CNRS, Université Paris-Diderot, 92190 Meudon, France;
LPP, Ecole Polytechnique, 91128 Palaiseau, France.
(Dated: August 5, 2014)
Submitted May 30, 2014

ABSTRACT

We study the evolution of turbulence in the solar wind by solving numerically the full 3D magneto-hydrodynamic (MHD) equations embedded in a radial mean wind. The corresponding equations (expanding box model or EBM) have been considered earlier but never integrated in 3D simulations. Here, we follow the development of turbulence from $0.2\ AU$ up to about $1.5\ AU$. Starting with isotropic spectra scaling as k^{-1}, we observe a steepening toward a $k^{-5/3}$ scaling in the middle of the wavenumber range and formation of spectral anisotropies. The advection of a plasma volume by the expanding solar wind causes a non-trivial stretching of the volume in directions transverse to radial and the selective decay of the components of velocity and magnetic fluctuations. These two effects combine to yield the following results. (i) Spectral anisotropy: gyrotropy is broken, and the radial wavevectors have most of the power. (ii) Coherent structures: radial streams emerge that resemble the observed microjets. (iii) Energy spectra per component: they show an ordering in good agreement with the one observed in the solar wind at 1 AU. The latter point includes a global dominance of the magnetic energy over kinetic energy in the inertial and f^{-1} range and a dominance of the perpendicular-to-the-radial components over the radial components in the inertial range. We conclude that many of the above properties are the result of evolution during transport in the heliosphere, and not just the remnant of the initial turbulence close to the Sun.

Subject headings: Magnetohydrodynamics (MHD) — plasmas — turbulence — solar wind

1. INTRODUCTION

Since the early observations by Coleman (1968) and Belcher & Davis (1971), solar wind turbulence has been considered a good example of well-developed MHD turbulence, with power-law spectra occupying a large frequency range. This turbulence shows specific features: (i) an important contribution of coherent structures in the spectrum (Bruno et al. (2007); Tu & Marsch (1993)), (ii) a large cross-helicity in the fast streams far from the heliospheric current sheet (iii), a non-trivial ordering of the different components (Belcher & Davis 1971), and (iv) a large magnetic dominance in slow streams (Grappin et al. 1991).

Turbulent dissipation is one of the most important consequences of a turbulent cascade and a test for any theory. In homogeneous, stationary turbulence, it is equal to the energy injected in the system and the energy taken out of it, that is in turn equal to the heating rate. Turbulent dissipation should be equal as well to the energy flux transmitted from one scale to the other along the inertial range, that is, the scale range of the turbulent cascade, which is given by the third moment of the fluctuations. The latter quantity has indeed been measured and sometimes found to be scale-independent (MacBride et al. 2008; Sorriso-Valvo et al. 2007),

but an agreement with different possible evaluations of the injection rate (that depends on the turbulence theory) is still a matter of debate (Vasquez et al. 2007).

A most important tool to analyze a turbulent spectrum is to look at power-law scaling in the second order moment of fluctuation. Most observational data are made of 1D spectra that are obtained collecting records along the radial direction. An important exception is provided by the Cluster spacecrafts that allow to recover 3D information via the use of k-filtering theory Sahraoui et al. 2010, Narita et al. 2010), but this is limited to relatively large scales and at a distance of 1 AU. Knowledge on the 3D structure of the solar wind fluctuations is however essential for several reasons: (i) theories based on resonant interactions are strongly anisotropic, the spectrum being more and more confined into the plane perpendicular to the local mean magnetic field, as the cascade proceeds; (ii) the 3D structure has implications on the energy injection rate and hence on the associated dissipation.

Single spacecraft measurements can still be used to reconstruct the 3D structure by adopting a strong hypothesis, i.e. gyrotropy around the mean magnetic field axis. Exploiting the wandering of the magnetic field direction, one can recover the structures of turbulence in the field-parallel and field-perpendicular directions (Matthaeus et al. 1990; Dasso et al. 2005).

In the solar wind, as we will see, expansion itself is a ba-

Electronic address: Yue.Dong@lpp.polytechnique.fr
Electronic address: verdini@arcetri.astro.it
Electronic address: grappin@lpp.polytechnique.fr

sic source of component anisotropy and spectral anisotropy that are *fed into the cascade range*. Here, we recall the basics (Grappin et al. 1993), (i) the component anisotropy is forced by expansion into the turbulent system as a consequence of the conservation of linear invariants like, mass, radial momentum, angular momentum, and magnetic flux, (ii) The spectral anisotropy is also forced into the system due to the kinematic stretching of the whole plasma volume in the two directions transverse to the mean radial wind.

A first category of models that account, to some extent, for the effects of expansion is provided by transport models with strongly simplified nonlinear interactions (Tu et al. 1984; Tu 1987; Velli 1993; Velli et al. 1990; Matthaeus et al. 1999; Cranmer & van Ballegooijen 2005; Cranmer et al. 2007; Verdini & Velli 2007; Verdini et al. 2010; Chandran et al. 2011; Lionello et al. 2014). A second category describes the turbulent evolution using a detailed model of turbulence, Reduced MHD or shell-reduced MHD (Verdini et al. 2009, 2012; Perez & Chandran 2013). However, even the most complete of the previous descriptions, that is the Reduced MHD model, lacks essential ingredients. Reduced-MHD equations are obtained in the limit of a strong mean field, which is a reasonable assumption in the accelerating region of the solar wind. This leads to quasi-2D spectra with no parallel fluctuations. At larger heliocentric distances, this approximation is too restrictive as we will show, and there are indications that this is also true in the acceleration region (Matsumoto & Suzuki 2012). In addition, a large amount of the computer memory is devoted to the description of the stratification, thus limiting the resolution and hence the Reynolds number that are achievable. This issue becomes even more important when dealing with system size of the order of one astronomical unit, as we do.

In the present work we will adopt a pseudo-Lagrangian description, which allows us to get rid of restrictions on spectral and component anisotropy and to take full advantage of available computer resources in describing turbulence. This is made possible in the Expanding Box Model (EBM) since all the above effects of expansion are incorporated in the original MHD equations as linear, time-dependent terms.

The EBM was introduced and used previously in the 1D and 2D cases to account for the anisotropic nature of expansion, in the works by Grappin et al. (1993); Grappin & Velli (1996); Grappin (1996). These early results may be summarized as follows. First, the transverse wind expansion disrupts a nonlinear Alfvén wave with constant magnetic pressure, due to the progressive rotation in opposite directions of the wave vector and mean guide field. Second, the combined effects of the expansion and shear due to the stream structure lead to a decrease of Alfvénicity comparable to that observed in the Solar Wind. Finally, the formation of small scales is largely inhibited by the expansion: the solar wind turbulent spectrum should thus have formed early in the corona, not in the solar wind itself as it dealt with 2D MHD. Other works dealing with the parametric instability using the EBM (in the MHD or hybrid version) are to be found in Tenerani & Velli (2013); Matteini et al. (2006).

In the present work, we use the 3D EBM to explain a number of features related to anisotropy both in simulations and the solar wind: (i) the component anisotropy (ii) the spectral anisotropy.

The plan is as follows. In Section 2, we describe the expanding box model and enumerate the basic conservation

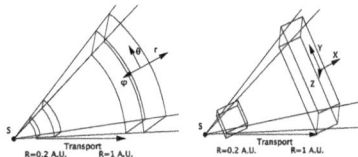

Fig. 1.— A volume of plasma transported by a radial wind with uniform speed. The volume expands in the transverse directions but not along the radial direction. Left: spherical expansion. Right: comobile approximation.

laws verified by the model. The results are reported in Section 3. We first consider expansion with no mean field; it allows to introduce the new effects of expansion without the complications of a second symmetry axis. We next deal in detail with a mean field aligned with the radial (that remains aligned during the radial evolution). This case combines all physical effects, albeit in a relatively simple geometry, since the two symmetry axes are aligned. We finally consider the realistic case with an oblique magnetic field, in which the magnetic field follows the Parker spiral. These results are compared with observations in the Discussion.

2. EQUATIONS, PARAMETERS AND BASIC PHYSICS

2.1. *Expanding Box Model*

We give here a short derivation of the Expanding Box model (see Grappin et al. 1993; Grappin & Velli 1996; Rappazzo et al. 2005. The wind is assumed to be radial and to have uniform velocity ($U_0 = const$). The radius R at which the box is located varies with time T as:

$$R(T) = R_0 + U_0 T \qquad (1)$$

where R_0 is the initial position of the box. We write now the equations in adimensional form. Space, time and velocity are measured in the following units:

$$\mathcal{L} = L_0/(2\pi) \qquad (2)$$

$$\mathcal{T} = t_{NL}^0 = L_0/(2\pi u_{rms}^0) \qquad (3)$$

$$\mathcal{U} = u_{rms}^0 \qquad (4)$$

where u_{rms}^0 is the initial rms velocity of the fluctuations, and t_{NL}^0 is the initial nonlinear time based on the initial *rms* velocity, and L_0 is the thickness of the box.

A first possibility to follow the evolution of the plasma is to use a spherical coordinate system centered on the Sun ((cf. Fig. 1a). We prefer to use the simpler Cartesian coordinates. Consider a Cartesian frame with x axis parallel to the radial passing through the middle of the box, change to the Galilean frame moving with the mean wind along the radial coordinate, $X' = X - U_0 T = X - (R(T) - R_0)$. In this frame, an initially cubic box is uniformly stretched in the transverse directions and becomes a parallelepiped of aspect ratio (cf. Fig. 1a and 1b):

$$a(T) = R(T)/R_0. \qquad (5)$$

If we write down the MHD equations for the fluctuating velocity at this stage, a new term appears. Such term is proportional to $U_\perp \nabla$ and describes the systematic advection of the plasma in the directions transverse to the radial by the mean flow after the Galilean frame change. This term disappears from the equations if we move now to *comobile* coordinates t, x, y, z:

$$t = T$$
$$x = X' = X - U_0 T$$
$$y = Y/a(t)$$
$$z = Z/a(t) \qquad (6)$$

Suppressing the advection by the transverse flow allows to assume periodicity of all fields expressed as functions of the comobile coordinates: density ρ, pressure P, magnetic field $\mathbf{B}$, and velocity fluctuation $\mathbf{U} = \mathbf{V} - U_0 \hat{\mathbf{e}}_r$, where $\mathbf{V}$ is the total velocity of the wind. Periodicity is a basic requirement, as otherwise it would be impossible to determine the boundary conditions, as we have no *a priori* information of the plasma outside the volume considered.

The comobile coordinate system is in fact equivalent to spherical coordinates centered on the Sun, but with the radial coordinate measured locally with respect to the local Galilean frame. This is valid if the thickness of the box L_0 is always small compared to the heliocentric distance R:

$$L_0/R(t) \ll 1. \qquad (7)$$

This assumption allows us to (i) neglect curvature terms in the previous derivation and (ii) to assume periodicity in the radial direction as well. Omitting dissipation terms, the equations take the form of standard MHD equations, with however two modifications, (i) additional linear terms involving the mean velocity $U_{0\perp}$ appear in the right-hand side (ii) a new expression for the gradients is used, accounting for the lateral stretching:

$$D_t \rho + \rho \nabla \cdot \mathbf{U} = -\rho \nabla \cdot \mathbf{U}_{0\perp} = -2\rho \frac{\epsilon}{a} \qquad (8)$$

$$D_t \mathbf{U} + \frac{1}{\rho}(\nabla(P + \frac{B^2}{2}) - \mathbf{B} \cdot \nabla \mathbf{B}) = -\mathbf{U} \cdot \nabla \mathbf{U}_{0\perp} = -\alpha \mathbf{U} \frac{\epsilon}{a} \qquad (9)$$

$$D_t \mathbf{B} - \mathbf{B} \cdot \nabla \mathbf{U} + \mathbf{B} \nabla \cdot \mathbf{U} = -\mathbf{B} \nabla \cdot \mathbf{U}_{0\perp} + \mathbf{B} \cdot \nabla \mathbf{U}_{0\perp} = -\beta \mathbf{B} \frac{\epsilon}{a} \qquad (10)$$

$$D_t P + \frac{5}{3} P \nabla \cdot \mathbf{U} = -\frac{5}{3} P \nabla \cdot \mathbf{U}_{0\perp} = -\frac{10}{3} P \frac{\epsilon}{a} \qquad (11)$$

$$P = \rho \, T_p \qquad (12)$$

$$\nabla = (\partial_x, (1/a)\partial_y, (1/a)\partial_z) \qquad (13)$$

$$a(t) = 1 + \epsilon t \qquad (14)$$

The two coefficients $\alpha = (0, 1, 1)$ and $\beta = (2, 1, 1)$ produce a differential damping of the components x, y, z of the magnetic and kinetic fluctuations. Along with usual MHD non-dimensional parameters, like the sonic and Alfvénic Mach number, the EBM equations are ruled by expansion parameter ϵ that appears in the rhs of the evolution equations:

$$\epsilon = \frac{U_0 L_0}{2\pi u_{rms}^0 R_0} = \frac{t_{NL}^0}{t_{exp}^0} \qquad (15)$$

In the following we will take $L_0 = R_0$. Thus, $t_{exp}^0 = R_0/U_0$ is the initial expansion time and t_{NL}^0 is the initial nonlinear time. Note that the expansion time may also be called transport time, as it is the time necessary to transport the plasma from the Sun to the distance R_0 at the constant velocity U_0. Because of this, the inverse of the expansion parameter is also called the "age" of the turbulence, being the transport time

expressed in units of nonlinear times (Grappin et al. 1991):

$$Age = t_{exp}^0/t_{NL}^0 = 1/\epsilon \qquad (16)$$

Note that, while the equations are written in terms of comobile coordinates, the numerical results will be presented in the standard physical cartesian coordinate system, in real space as well as in Fourier space.

We have omitted the dissipative terms in the equations of the model. We give them below (omitting all other terms) in each evolution equation:

$$\partial_t \mathbf{U} = \nu(\tilde{\nabla}^2 \mathbf{U} + \frac{1}{3}\tilde{\nabla}(\tilde{\nabla} \cdot \mathbf{U})) \qquad (17)$$

$$\partial_t \mathbf{B} = \eta \tilde{\nabla}^2 \mathbf{B} \qquad (18)$$

$$\tilde{\nabla} = (\partial_x, \partial_y, \partial_z) \qquad (19)$$

$$\nu = \eta = \nu_0/a(t) \qquad (20)$$

where $a(t) = R(t)/R_0$ is the normalized heliocentric distance (eq. 14). These expressions differ from the usual ones in several ways. The viscosity ν is kinematic (independent of the density ρ), the derivation operators are defined with respect to comobile coordinates and the transport coefficients ν and η decrease with heliocentric distance. These choices are all dictated by the same goal: maintaining a substantial Reynolds number during the integration.

First, we considered a kinematic viscosity since with a dynamic viscosity a factor $1/\rho \propto R^2$ would result in a drastic damping of the energy, which we want to avoid. Second, the gradient operators appearing in these equations should be the physical nablas defined in eq. 13. However, in view of the limited Reynolds number achievable in direct numerical simulation, the increase of all physical characteristic scales in directions perpendicular to the radial would lead to a too strong damping of all fluctuations perpendicular to radial. Finally, the linear damping of energy with distance due to expansion that sums up to the usual turbulent damping would lead to a drastic drop of the Reynolds number. The systematic decrease of the transport coefficients with distance in eq. 20 is a prescription that compensates for the above effects and maintains the Reynolds number at a reasonable level. The price to pay for this modification of the standard viscous terms is that the heating cannot be calculated in a self-consistent way.

Indeed, the dissipative terms just described must in principle have their counterpart appearing in the energy equation. The standard conservative expression for the homogeneous MHD is (omitting the adiabatic terms)

$$\partial_t P = \frac{2}{3}(\mu(\omega^2 + 1/3(\nabla \cdot u)^2) + \eta J^2 + \kappa \nabla^2 T_p) \qquad (21)$$

In view of the modifications of the dissipative terms described in eqs. 17-20, no simple modification of the heating terms in eq. 21 can be found, that would correctly express the transfer to the internal energy (i.e., heating) of the energy flux lost by the fluctuations at small scales by the dissipative terms. We thus have chosen here to minimize the heating due to expansion: in the present model, the rhs terms in eq. 21 have been divided by the density for the viscous term, with the resistive and conductive terms being divided by the average density. As a consequence, in all runs with expansion, the resulting irreversible heating has proved to be negligible compared to the $R^{-4/3}$ cooling resulting from the plain adiabatic expansion (eq. 11).

We postpone for future work finding expressions of the dissipative terms and the heating terms that are truly conservative and at the same time prevent the sharp drop of the Reynolds number that would inevitably result from adopting standard dissipative terms.

2.2. Energy spectra and characteristic times

In the following we use k to denote wavevectors in comobile Fourier space, and the capital K to denote wavevectors in the physical Fourier space ($K_x = k_x$, $K_{y,z} = k_{y,z}/a$). Consider now a scalar quantity ψ. The Fourier coefficient $\hat{\psi}$ is defined as:

$$\hat{\psi}(\mathbf{K}) = \frac{1}{V} \int e^{-i\mathbf{K}\cdot\mathbf{X}} \psi(\mathbf{X}) d^3X \qquad (22)$$

and the 3D spectral density:

$$E_{3D}(\mathbf{K}) = |\hat{\psi}(\mathbf{K})|^2 \qquad (23)$$

so that total energy verifies:

$$2E_\psi = \int E_{3D} d^3\mathbf{K} = \frac{1}{V} \int |\psi(\mathbf{x})|^2 d^3x = \psi_{rms}^2 \qquad (24)$$

We further define the reduced 1D spectra along the radial direction $E_{1D}(k_x)$ and the gyrotropic spectra E_{3D}^{gyro} (analogous definition hold in comobile space once K is replaced by k):

$$E_{1D}(K_x) = \int E_{3D}(K_x, K_y, K_z) dK_y dK_z \qquad (25)$$

$$E_{3D}^{gyro}(K_x, K_\perp) = \frac{1}{2\pi} \int E_{3D}(K_x, K_\perp, \phi) d\phi \qquad (26)$$

We use the reduced 1D spectra (summing spectra on the three components) to define the velocity field $U(K)$

$$U(K_x) = \sqrt{K_x E_{1D}(K_x)} \qquad (27)$$

that enters in the definition of the nonlinear time at a given wavenumber,

$$t_{NL} = (KU(K))^{-1} \qquad (28)$$

The Alfvén and expansion times are further defined as

$$t_{exp} = R(t)/U_0 \qquad (29)$$

$$t_A = ((\mathbf{B_0}/\sqrt{\bar{\rho}}\cdot\mathbf{K})^{-1} \qquad (30)$$

2.3. Basic physics

We describe below the three kinds of damping that affect the turbulence evolution in a spherically expanding flow.

2.3.1. Linear expansion (no Alfvén coupling)

The right hand sides of eqs. (8)-(11) imply the conservation of mass, angular momentum, and magnetic flux, ($\bar{\rho} \propto 1/R^2$, $U_y, U_z \propto 1/R$, $B_x \propto 1/R^2$, $B_y, B_z \propto 1/R$) while eq. (11) accounts for the adiabatic temperature decrease in absence of heating ($T_p \propto R^{-4/3}$). The conservation laws for velocity and magnetic field are best expressed in terms of velocity units (Grappin & Velli 1996):

$$B_x/\sqrt{\bar{\rho}} \propto 1/R \qquad (31)$$

$$B_{y,z}/\sqrt{\bar{\rho}} \propto 1 \qquad (32)$$

$$U_x \propto 1 \qquad (33)$$

$$U_{y,z} \propto 1/R \qquad (34)$$

Such decay laws hold for average properties. They also apply to the amplitudes of the fluctuations at the largest scales, where nonlinear interactions and the coupling with the mean field are negligible, in other words when:

$$t_{exp} \le (t_{NL}, t_A) \qquad (35)$$

that define scales belonging to a regime that we will term as non-WKB regime.

2.3.2. Linear expansion with Alfvén coupling

When a mean magnetic field is present and strong enough, the kinetic and magnetic fluctuations become coupled and one expects the previous damping laws to be modified (Grappin & Velli 1996). The expected decay law in that case is what is usually called the WKB law, with a scaling intermediate between those of the different components described in eqs. 31-34:

$$B_i(k_{\|B0})/\sqrt{\bar{\rho}} = U_i(k_{\|B0}) \propto 1/R(t)^{1/2} \quad \text{for } i = x,y,z \qquad (36)$$

The condition for strong Alfvénic coupling (WKB) is

$$t_A < t_{exp} \qquad (37)$$

We will call "non-WKB" the regime where the different components are decoupled and "WKB" the regime with Alfvén coupling. The WKB decay is valid in principle at scales small enough, for wave vectors along the meal field, while the non-WKB decay holds at larger scales. We define K_A as the critical wavenumber that divides the spectrum into two branches obeying respectively the two decaying laws,

$$K_A = U_0/(|\mathbf{B_0}|/\sqrt{\bar{\rho}}|R) \qquad (38)$$

As the mean magnetic field B_0 rotates with time/distance due to the conservation of magnetic flux ($B_{0x,y,z}/\sqrt{\bar{\rho}} \propto (1/R, 1, 1)$), the critical wavenumber K_A will remain constant in the radial direction but will decrease as $1/R$ along the perpendicular $K_{y,z}$ directions.

Alfvén coupling will play an active role even when $B_0 = 0$. This Alfvén coupling is weaker than the one built on the global mean field, as it is based on the smaller local mean field (typically of order b_{rms}), yet it will have important effects.

2.3.3. Nonlinear damping

In addition to the linear damping caused by expansion, one must consider the turbulent damping that occurs at intermediate-small scales where the nonlinear time is small enough. Turbulent dissipation is due to the viscous and resistive terms operating at very small scales that are feeded by the cascade process. The wavevector

$$K_{exp} = U_0/(RU(\mathbf{K})) \qquad (39)$$

for which $t_{exp} = t_{nl}$ divides in principle scales with a decay dominated by expansion ($K < K_{exp}$) and cascade ($K > K_{exp}$). It defines a surface in 3D Fourier space that can expand or contract in time, depending on the direction (radial or transverse), and depending on whether the effective decay of $u(\mathbf{K})$ (i.e., including the linear and nonlinear decay) is faster or not than $1/R$.

Such decay cannot be easily predicted since wavevectors are coupled by the cascade, while non-WKB and WKB decay are at work at different large scales and at different wavevector orientations.

2.4. Numerics - Initial conditions and parameters

The spatial scheme is pseudo-spectral, that is, the gradients are computed in Fourier space by plain multiplication by wavevector components. At each time step, an isotropic truncation is done in comobile coordinates: all modes with $k > k_{max} = N/2$ are eliminated, with N the number of grid points in each direction. The temporal scheme is Runge-Kutta of order 3.

The initial conditions are as follows. Rms velocity and magnetic fluctuations are uniform. The corresponding Mach number is substantially smaller than unity (see later eq. 44):

$$\rho = 1 \quad (40)$$
$$T_p = 40 \quad (41)$$
$$u_{rms} \sim b_{rms} \sim 1 \quad (42)$$

The initial fluctuations are a superposition of incompressible fluctuations with random phases that form an isotropic spectrum at equipartition between kinetic and magnetic energy. There is no correlation between the velocity and magnetic field fluctuations. The spectrum for u or B has the form $E_{3D}(k) \propto |k|^{-3}$ that reduces to a 1D spectrum $\propto k^{-1}$.

There are two free parameters, the initial expansion rate ϵ, and the mean magnetic field B_0.

ϵ is the ratio of non-linear over expansion times computed at the largest scale L_0 at initial distance R_0 (eq. 15). In order to have a chance to observe significant effects of the expansion on the spectral evolution, we choose the value $\epsilon = 2$ in our "expanding" runs.

In order to identify the plasma scale that is submitted to such an expansion parameter, we examine the values of ϵ (actually its inverse, the "age" of the plasma) that have been measured in Helios data at different heliocentric distances (Grappin et al. 1991). On average $\epsilon = 2$ for the day-scale, and $\epsilon = 0.1$ for the hour-scale. The time scale is related to the spatial scale L by the Doppler relation $\tau = L/U_0$, U_0 being the bulk wind speed. Assuming $U_0 = 600$ km/s, one thus finds that a volume of radial size $L = 5\ 10^7$ km $\approx 0.3AU$ is subject to an expansion rate $\epsilon \simeq 2$.

Our starting heliocentric distance will be $R_0 = 0.2AU$, thus the initial plasma volume almost touches the Sun. Hence our computational box has a large angular size, implying that the curvature terms (neglected in the EBM equations) are important (cf. eq. 7). Contrary to expectations, this has no deep consequences on the dynamical evolution of the system as shown in Grappin & Velli (1996) who compared the EBM with an eulerian simulation in an even more extreme (2D) configurations.

The second parameter is the mean magnetic field B_0. We adopt two values: either $B_0 = 0$ or $B_0 \approx 2$. Since initially $\rho = 1$, this is in Alfvén speed unit. Two meaningful normalized numbers are the initial Mach number and Alfvénic Mach number; they are:

$$M = u_{rms}/c_s = 0.12 \quad (43)$$
$$M_A = b_{rms}/B_0 = 0.5 \quad (44)$$

The low Mach number ensures that the compressible part of the velocity field will remain small. Note that these parameters are not meant to be representative of fast winds. Such a study needs to consider as well the effect of velocity-magnetic field correlation (which is high in the fast winds): this is postponed for a later study.

TABLE 1
LIST OF RUNS AND PARAMETERS. $B_0 = (B_{0x}, B_{0y})$ IS THE MEAN MAGNETIC FIELD IN ALFVÉN UNITS AT $t = 0$, ϵ IS THE EXPANSION PARAMETER, N IS THE GRID POINT NUMBER, t AND R/R_0 ARE THE SIMULATION DURATION AND FINAL ASPECT RATIO OF THE DOMAIN, v_0 IS THE INITIAL VISCOSITY (SEE EQ. 20).

run	B_0	ϵ	N	t	R/R_0	v_0	name
A	(0, 0)	0	512	4	1	$2 10^{-4}$	FY28B0E0
B	(0, 0)	2	512	3.2	7.4	10^{-4}	FY34B0E2
C	(2, 0)	0	512	4	1	10^{-4}	FY34BR2E0
D	(2, 0)	2	512	4	9	$2 10^{-4}$	FY28BR2E2
E	(2, 2/5)	2	1024	1.8	4.6	$2 10^{-4}$	FY13B2E2

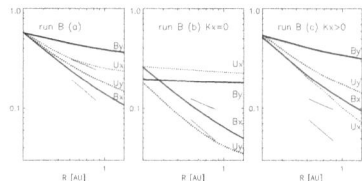

FIG. 2.— Run B. Decay of rms amplitudes with distance (R) for the different components of velocity and magnetic field in alfvén speed units. From left to right: (a) total rms amplitudes, (b) rms amplitudes of the 2D modes ($K_x = 0$, eq. 46), (c) rms amplitudes of the 3D modes ($K_x > 0$, eq. 47). In all panels, the short solid lines indicate the $1/\sqrt{R}$ and $1/R$ scalings. Panel (b) shows that the decay of 2D modes is close to that imposed by the sole linear coupling with expansion, see text.

The runs of decaying turbulence that we analyze are listed in Table 1. Runs A and B are standard homogenous non-expanding runs ($\epsilon = 0$), respectively without or with a mean magnetic field ($\mathbf{B_0} = B_0\mathbf{e_x}$). Runs C and D are the corresponding expanding simulations ($\epsilon = 2$). The mean field B_0 is aligned to the radial direction in run D, while run E has an initial oblique mean field that turns according to the Parker spiral during the radial evolution. Runs with mean field (C, D, and E) have $K_A < K_{exp}$ at the initial time, so for wavevectors along B_0 we will encounter first the non-WKB decay at small wavenumbers, then the WKB decay at intermediate wavenumbers, and finally the turbulent-cascade decay at high wavenumbers.

3. RESULTS

In the following we will consider first the overall properties of run B with expansion and no mean field, then consider for the four runs A, B, C, D the evolution with time/distance of total (kinetic + magnetic) energy and energy spectra. We will examine run E with an oblique magnetic field in the discussion section.

From now on, the magnetic field will be given in Alfvén speed units, i.e., we will write B for $B/\sqrt{\rho}$ and time will be given in initial non-linear time unit t_{NL}^0. Also, recall that the x component of a vector field is a synonym for the radial component, while y and z components are components transverse to the radial.

3.1. Emergence of structures in real space (run B)

To understand the effects of expansion on turbulence, we will start by examining the radial evolution of scalar quantities

6

in presence of expansion. We will look at run B, which has some expansion ($\epsilon = 2$) and no mean magnetic field.

Figure 2a shows the decay of the root-mean-squared (rms) amplitude of radial and perpendicular components, for both the velocity and magnetic fluctuations (in Alfvén unit). At large distances the perpendicular magnetic component (B_y) and the radial velocity component (U_x) dominate. The latter actually decays faster than the former during an initial phase, but finally both quantities decay at the same rate. The ordering of rms amplitudes in the different components is given by

$$B_y > U_x > U_y > B_x \qquad (45)$$

This ordering may be interpreted as being due to the combined effects of expansion (eqs. 31-34) and nonlinear decay. A deeper understanding is obtained by considering separately the two components or the rms amplitudes, namely the 2D modes with only wave vectors transverse to the radial direction ($K_x = 0$), and the full 3D modes with $K_x > 0$:

$$X_{2D}^{(\alpha)} = (2E^{(\alpha)}(K_x = 0))^{1/2} \qquad (46)$$

$$X_{3D}^{(\alpha)} = (2\Sigma_{K_x>0}E^{(\alpha)}(K_x))^{1/2} \qquad (47)$$

with the total rms amplitude verifying $X_{rms} = (X_{2D}^2 + X_{3D}^2)^{1/2}$, and with the index α denoting one of the field components ($U_{x,y}$ or $B_{x,y}$).

In the middle and right panels we draw separately the two rms amplitudes X_{2D} and X_{3D}. The panel (b) shows that the decay of the 2D modes is close to that imposed by the linear expansion (eqs. 31-34):

$$B_y, \; U_x \sim const > B_x, \; U_y \sim 1/R \qquad (48)$$

On the other hand, the decay of 3D modes (right panel) is affected by expansion and nonlinear turbulent dynamics in a non trivial way, showing a strong damping of radial velocity fluctuations (U_x) and yet another different ordering:

$$B_y > U_y > B_x > U_x \qquad (49)$$

Note that the z component (not shown in the figure) behaves as the y component, as expected since the Ox axis is the symmetry axis. The asymptotic behavior of rms amplitudes (left panel) is determined by 3D modes, with the exception of the radial velocity, U_x (and perhaps B_y at larger distance) that is determined by the non-decaying 2D modes (central panel) that are dominant.

The dominant degrees of freedom that emerge from our simulations are thus the radial component of the velocity U_x, that is quasi 2D, and the perpendicular components of the magnetic field $B_{y,z}$, that are fully 3D. A snapshot of the velocity field and magnetic field immediately reveal these two structures. In fig. 3 we represent the magnetic field lines (left) and the velocity field lines (right) at two different times: the initial time corresponding to $R = 0.2$ AU (bottom) and the final time ($t = 2$) corresponding to $R = 1$ AU (top). The colors indicate the cosine of the angle of the magnetic field with the radial ($B_x/|B|$, left) and the amplitude of the radial velocity normalized to its maximum ($U_x/|U_x|_{max}$, right).

Comparing the bottom and top panels, one sees that the initial isotropy imposed at $0.2AU$ has disappeared at $R = 1AU$: the large scale velocity is now mainly made of radial streams, while the magnetic field is made of transverse lines. Such a behavior has already been observed in the 2D simulations of the EBM by Grappin (1996) and is a consequence of the differential radial decays of the components shown in the previous figure. In summary:

1. Since U_x and B_y dominate over the other components they form two kinds of visible spatial "structures", respectively radial velocity streams and transverse magnetic field lines.

2. For U_x, the 3D ($K_x > 0$) component falls down rapidly and reaches a very low level, while the 2D ($K_x = 0$) component remains almost constant. The radial velocity streams will depend very weakly on the radial coordinate x, i.e. they appear uniform in the radial direction.

3. For $B_{y,z}$ the 3D component dominates over the 2D component, so the magnetic field lines, mainly with transverse components, will appear more turbulent compared to velocity field lines.

A detailed examination of the figure shows that the position of the velocity streams coincide with the position of random maxima in the initial conditions. If we apply a low-pass filter to the simulation, we find approximately the same $U_x(y,z)$ structures, in position and amplitude from 0.2 AU (initial state) to 1 AU. Hence we can interpret the appearance of the structures as resulting from the *selective decay* of some of the components. This spontaneous emergence of structures will occur as far as a reasonably isotropic distribution of energy among the different components is present in the initial conditions close to the Sun. Note that the original selective decay idea was devised for flows decaying due to turbulent viscosity by Montgomery et al. (1978) while here the decay (and thus the appearance of the stream and magnetic structures) is due to the sole wind expansion.

3.2. Turbulent energy decay and spectral formation

We first consider the decay of total energy with time (distance) in four runs A,B,C, and D, then we analyze their spectral evolution. Finally we describe in detail their spectral and component anisotropy at a given time (corresponding to a heliocentric distance of about 1 AU).

3.2.1. Energy decay

A main feature of (unforced) turbulent flows is turbulent energy decay. In a standard simulation at small Mach number (as here) of a decaying flow from a large scale reservoir, one expects that during a finite time of order of the nonlinear time the total energy will be conserved as in an incompressible flow (e.g., Pouquet et al. 2010). This initial phase should be followed by a phase of fast decay, which overruns by several orders of magnitude the ordinary, laminar dissipation in an ordinary fluid.

Since we are considering decaying turbulence, we expect the same behavior, however with several important differences. First, small scales are present from start in our simulations, since the initial spectrum scales as K^{-1}. We may thus expect turbulent energy dissipation to start earlier than in the case of an initial spectrum concentrated at large scales. Second, in the case of expanding runs ($\epsilon \neq 0$), the conservation of quadratic invariants is replaced by the conservation of first-order invariants (see Section 2.3.1). Thus, the kinetic and magnetic energies will be strongly damped even in the absence of turbulent dissipation.

The energy (kinetic + magnetic) decay with time is shown in Figure 4-a for the first four runs of Table 1. Time is normalized by the initial nonlinear time. One sees indeed that the energy decay begins from start in all four cases, but at

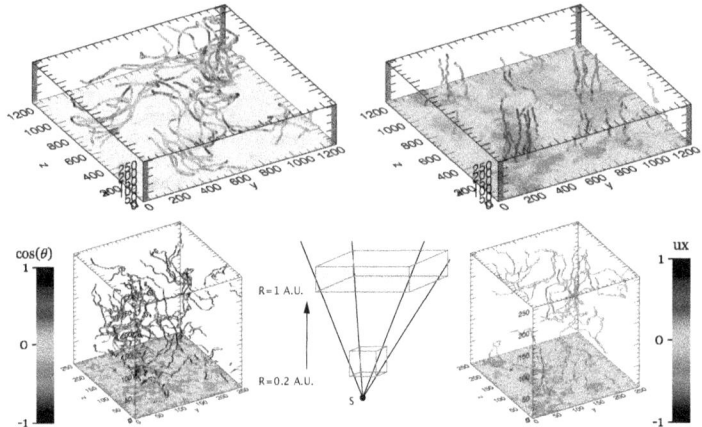

FIG. 3.— Expansion induced magnetic and kinetic fields anisotropy. Run B. Left : magnetic field lines at 0.2 (initial condition, bottom) and 1 A.U. (top), colors show the cosine of the angle of the magnetic field with radial direction $\cos(\theta)$, $\theta = (\boldsymbol{B}, \boldsymbol{x})$. Right: velocity field lines, colors show the amplitude of the radial velocity U_x (normalized by the maximum). For each plot, contours show the same quantity in the $x = 0$ plane. Distance units are arbitrary, but takes into account the aspect ratio due to expansion. While the magnetic field lines tend to align perpendicular to radial direction, velocity field lines tend to create radial flux tubes.

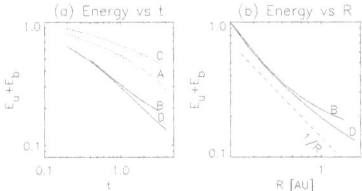

FIG. 4.— Total energy (sum of kinetic and magnetic energies) decay (a) Energy for runs A, B, C, and D as a function of time t in units of nonlinear time (b) Energy for runs B and D with expansion as a function of distance R. The dashed line indicates the $1/R$ wkb energy decay law as in eq. (36).

a much slower rate compared to the Navier-Stokes case in which $E \sim t^{-10/7}$ (e.g., Frisch 1995). For the "expanding" runs the energy decays at most as $E \sim t^{-1/2}$, and significantly slower for the runs without expansion. A possible cause of such a slow decay lies in the initial k^{-1} spectrum that progressively transforms into a steeper spectrum (as we will see in the next section). Correspondingly, the energy containing scale that feeds the cascade increases with time, so leading to the observed slow-down of the energy decay. As a rule, expanding runs (thick lines) decay faster than their non-expanding counterpart (thin dotted lines). Also, a striking point is that, while in the homogeneous case the presence of a mean field slows down the decay, the contrary is true when expansion is present: the mean field then accelerates the energy decay , instead of slowing it down.

In fig. 4-b we examine the energy decay with heliocentric distance R for the two "expanding" runs, the dashed line gives the $1/R$ WKB decay as a reference. While at the very beginning of the evolution the decay is faster than WKB, the reverse is true for distances $R/R_0 \geq 3$. These different energy evolutions are related to the previous component anisotropy but also to different spectral evolutions, which we examine now.

3.2.2. Spectral evolution

We show in Fig. 5 (left column) 1D reduced spectra vs radial wavenumber K_x for times $t = 0$, 0.8, 1.6, 2.4, 3.2 (upper to lower curves respectively), for the same four runs. All spectra are compensated by the $k^{-5/3}$ scaling.

In all four runs, the initial spectrum follows a k^{-1} scaling, which is terminated by a sharp cutoff due to a spherical (isotropic) truncation at $k = 128$. Although the evolution is significantly different for the four runs, all of them share the following properties at the last time $t = 2$ shown in the figure: (i) a large scale range with a spectral slope in between the initial slope -1 and the slope $-5/3$ (ii) a medium scale range showing a $k^{-5/3}$ scaling (iii) a small scale dissipative range.

Two important remarks are in order. First, the persistence of a relatively flat large-scale range is not a property specific of the expanding runs. The origin of the persistence is thus to be found not only in the specific freezing of large scales due to expansion. Second, the extent of the $k^{-5/3}$ scaling, which is a priori a signature of the nonlinear cascade is not more extended in the homogeneous than in the expanding runs. The contrary seems to be true for the zero mean field case (compare panels a and b): this could be the consequence of a higher average Reynolds number in the case of run B, due to the $1/R$

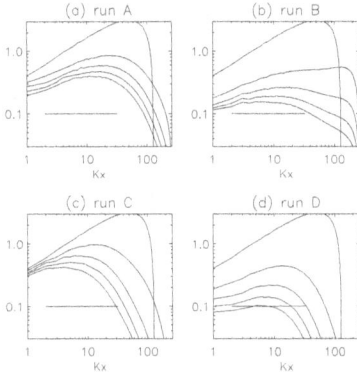

Fig. 5.— Time evolution of 1D reduced energy spectra (kinetic + magnetic energy) vs K_x wavenumber (left column) and vs K_y (right column). All spectra are compensated by $K^{-5/3}$. From top to bottom: runs A, B, C, D. Times shown are $t = 0$, 0.8, 1.6, 2.4, 3.2 (unit time = initial nonlinear time). In the "expanding" runs B and D, the corresponding distances are $R/R_0 = 1$, 2.6, 4.2, 5.8, 7.4, respectively.

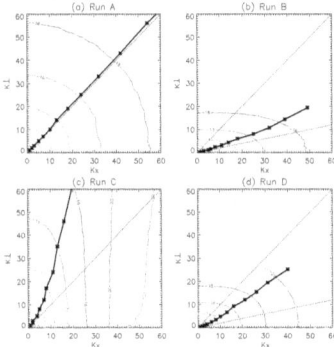

Fig. 6.— Spectral anisotropy. Isocontours of the Magnetic energy spectrum (E_{3D}^{gyro}) in *physical* wavenumbers ($k_r^{ph}, k_\perp^{ph}$), at time $t = 2$. From top to bottom: (a) run C, mean field; (b) run B, expansion; (c) run D, expansion and mean field. The thick line starting at the origin shows a measure of the anisotropy of the spectrum (see text). The kinematic anisotropy that would result from the sole expansion effect, reflecting the aspect ratio of the plasma volume, is indicated in panels (b) and (d) by a dotted line.

variation adopted for the viscosity.

3.2.3. Spectral (gyrotropic) anisotropy

We consider now the energy distribution of total energy among wavevectors that allows us to visualize the effect of expansion and that of a mean field on the spectral anisotropy. In the run with radial mean field examined here (runs C and D), we have checked that the energy spectra are reasonably gyrotropic around the x axis. We will consider later in the Discussion deviations from gyrotropy, when we come to examine run E with a non radial magnetic field.

In fig. 6 we plot in the plane $(K_x, K_\perp)$ the isocontours of the magnetic 3D energy spectrum E_{3D}^{gyro}, averaged around the K_x axis, for the four runs A, B, C and D at time $t = 2$. The anisotropy is visible in the aspect ratio of the isocontours that show a systematic elongation either in favor of the K_x axis or the K_y axis, depending on the run. To quantify the deviations from isotropy at different scales, we provide a simple measure of the aspect ratio, by computing the intersections of isocontours with the K_x and $K_\perp$ axis and by plotting each couple of $(K_x, K_\perp)$ points satisfying to $E(k_x, 0) = E(0, k_\perp)$. These points are connected by a thick line in each panel, indicating which direction, whether radial or transverse, is the most excited at each wavenumber $|K|$. If the spectrum were fully isotropic, one would obtain the dotted diagonal line, $K_x = K_\perp$, plotted in all the figures. If all wavenumbers were frozen in (no nonlinear transfer), expansion would lead for runs B and D to a collapse of isocontours in Fourier space on the parallel wavenumber axis K_x. Their aspect ratio would correspond to the lower dotted-line (off the diagonal) in panels (c) and (d).

In panel (a) (run A, no expansion, no mean field), the spectrum is fully isotropic, the thick line is a diagonal. In panel (b) (run B, expansion, no mean field) the thick line indicates that the spectrum is more developed along the radial, as expected in view of the perpendicular expansion. In panel (c) (run C, no expansion, mean field), the very large-scales are isotropic (as shown by the thick line that follows the diagonal for $K < 5$), while higher wavenumbers depart strongly from the diagonal, showing the dominance of the energy flux in directions perpendicular to the mean field, as expected. Finally, in panel (d), (run D, expansion and radial mean magnetic field), the anisotropy results from to the competition between the opposite effects of the mean field and expansion on the cascade, producing a weak spectral anisotropy along the radial direction. At the very large scales ($K < 5$), the anisotropy follows the sole expansion effect.

The following approximate expression for the anisotropy profile $\mathcal{A}(\mathcal{K})$ puts together in the simplest possible way the basic bricks of the competition between expansion and perpendicular cascade:

$$\mathcal{A} = (B_0 + b_{rms})/b_{rms})/(R/R_0) \qquad (50)$$

One can check that it covers reasonably well all the four cases A, B, C and D considered up to now, with or without expansion, with or without radial mean field.

3.2.4. Component anisotropy

Departure from energy equipartition between different components is clearly observed in solar wind turbulence, so it deserves to be considered here (comparison will be made with observations in the discussion section).

We show in fig. 7 the 1D reduced spectra vs K_x for the four runs A, B, C, D at $t = 2$. We focus here on the ordering of the different components of magnetic and velocity fields, rather than their spectral index as previously. Except for run C which shows equipartition between all degrees of freedom, these orderings may be classified in two categories: (i) a tendency

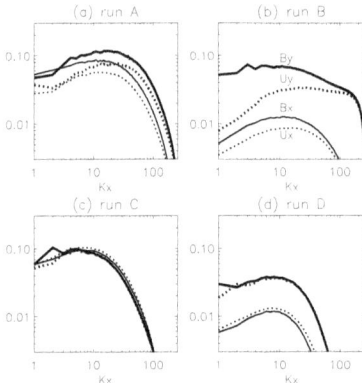

FIG. 7.— 1D reduced spectra $E(K_x)$ compensated by $K^{-5/3}$ vs radial wavenumber K_x, for the different components (see top right panel for styles) with magnetic field in Alfvén speed units, for runs A, B, C, and D at time $t=2$.

to the dominance, component by component, of the magnetic field over the velocity field (ii) a dominance of the perpendicular components (here y) over the x (radial) component.

We start from the two homogeneous runs A and C, that in principle have known features. The zero mean field case, run A, leads to a slight dominance of the y component, and to a magnetic excess, that reduces progressively to zero in the dissipative tail of the spectrum. This is valid for each component, both x and y. First, we note that the observed slight dominance of the y components over the x components is the plain algebraic consequence of dealing with a quasi-incompressible flow. This is checked by considering $E(K_y)$ spectra (not shown): a similar (but reverse) dissymetry between the x and y components is observed. Run C, with mean field case, shows on the contrary equipartition of all degrees of freedom at all scales.

In (Grappin et al. 1983; Müller & Grappin 2005), a mechanism has been proposed that leads to such an excess, based on the competition between, on the one hand, nonlinear stretching of the magnetic field (called in the following "local dynamo") that systematically transfers energy from kinetic to magnetic and, on the other hand, the Alfvén effect (propagation along the local mean field) that leads to equipartition between the two fields. The resulting magnetic excess is much larger in the zero mean field case, due to the reduced efficiency of the Alfvén effect compared to the non zero mean field case. In the mean field case, the difference between the magnetic and kinetic spectra actually fluctuates around zero from time to time, and a definite magnetic excess emerges only after averaging in time, which is not done here.

The cases of the two runs B and D with expansion are easily summarized. Run B with zero mean field shows a much enhanced magnetic excess, component per component, and the dominance of the y component can clearly not be attributed to the effect of quasi-incompressibility of the flow, but must

be a genuine effect of the expanding turbulence. Run D with non zero mean field still doesn't show any measurable magnetic dominance, but instead shows a large dominance of the perpendicular component, absent in the corresponding homogeneous run C.

We propose below in the discussion an extension of the Alfvén-dynamo mechanism that includes expansion to explain these properties, and compare them with the ones observed in the solar wind.

4. DISCUSSION

In this section we come back to several important points, focusing only on the "expanding" runs. We either discuss some remining issues or generalize some of the results.

4.1. Coherent structures: the case of mean field

We have shown that coherent, stable, microjets-like structures emerge spontaneously from the dynamics of turbulence with *no mean-field* and subject to *solar wind expansion* (run B). We further showed that the phenomenon is caused by the (linear) selective decay of the large-scale fluctuations. The non-WKB damping (expansion) affects the energy injection at large scales and the resulting turbulent dynamics, eliminating some degrees of freedom and leaving undamped some others ($U_x(K_x = 0)$, $B_y(K_x = 0)$, $B_z(K_x = 0)$). Note that a non-WKB damping implies that the Alfvén effect is not efficient in coupling U and B component along x, casting some doubts on the emergence of structures when a mean magnetic field is present. In fact, in this case one expects an efficient Alfvénic coupling that forces the components of U and B to decay at the same rate. However, in our simulations, the microjets appear in all expanding runs, with or without mean magnetic field, provided expansion is strong enough (i.e. $\epsilon \gtrsim 1$) and the Alfvén effect is not too strong, which in the case of run D for instance is true only when $K_x = 0$: this is enough to generate the microjets in this case. In run E where the mean field is oblique, becoming close to 45^0 to the radial at 1 AU, on may fear that the Alfvén effect at $K_x = 0$ is still large, due to the non-vanishing contributions of non zero K_y leading to a large Alfvén frequency $\omega = K_y B_y^0$. However, the most energetic scales now have K_y smaller than unity, due to the transverse stretching of the plasma volume, which leads to finally an effective decoupling of the U and B components.

4.2. Turbulent vs linear damping rate

The spectral anisotropy which we have studied in the previous section suggests that the cascade process of expanding turbulence is not simple. To advance in this direction, we propose not only to measure the damping rate globally (has done in section 3.1), but also to reveal its anisotropic nature in Fourier space. A fundamental result of early 1D models of solar wind turbulence (e.g. Tu et al. 1984) is that of a clear partition of Fourier space in two parts: the one dominated by linear expansion, to which the energy injection scales belong, and the one dominated by non-linear couplings. However we have seen that expansion induces an anisotropic evolution of spectra, so if we know where to place the 3D boundary of the two domains in Fourier space, we will be in a better position to predict how the injection scale varies and how the efficiency of turbulent heating is ruled by expansion.

At a given scale, the competition between linear and non-linear coupling can be understood by comparing the expansion time to the non-linear time (see definitions in eqs. 28-29). The expansion time increases linearly with distance. At a

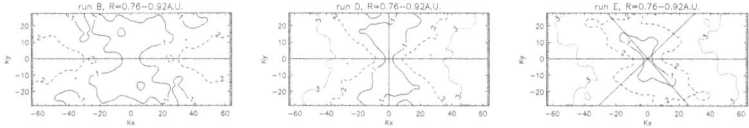

FIG. 8.— Runs B, D and E. Visualizing the radial energy damping rate in Fourier space. Lines: isocontours of *radial damping rate* of total energy spectra in the $(K_x, K_y, K_z = 0)$ plane. The radial damping rate α is given by $E(t_1)/E(t_0) = (R(t_1)/R(t_0))^{-\alpha}$, with $t_0 = 1.4$, $t_1 = 1.8$ and $R(t_0) = 0.76$, $R(t_1) = 0.92$. (represented with vertical dotted lines in fig. 9). Left panel, run B (no mean magnetic field); middle panel, run D (radial mean magnetic field); right panel, run E (oblique mean magnetic field). Thin lines indicate the directions parallel and perpendicular to the mean magnetic field when present.

given wavenumber, the nonlinear time should also increase as the amplitude of the fluctuation decreases with distance (either simply due to the expansion, or due to expansion and turbulent dissipation). In principle, a good measure of the boundary is provided by the radial decay rate, since as we know the linear analysis predicts well-defined decay rates for the different components with distance.

We now compare the energy decay rates for the three runs B, D, E in Fourier space to localize how nonlinear/linear decay rates varies with scale and direction. In particular we compute the radial decay rate, α, for the total (magnetic + kinetic) energy between two times t_0 and t_1:

$$\frac{E_{tot}(t_1)}{E_{tot}(t_0)} = \left(\frac{R(t_1)}{R(t_0)}\right)^{-\alpha} \tag{51}$$

In run E gyrotropy is no longer guaranteed, so we plot in Fig. 8 the isocontours $\alpha = 1, 2, 3$ in the (K_x, K_y) plane at $K_z = 0$. Recall that all three runs B, D, E have the same expansion but different mean magnetic field. When it is present (run D and E), we also plotted the two thin lines corresponding to directions parallel and perpendicular to B_0 at that time (in run E, B_0 forms an angle of $\approx 45^o$ with the x axis).

We can see that all three runs show different decay rates at different scales and directions: as expected, isotropy is never achieved.

To summarize, the isocontour $\alpha = 1$ corresponds to the WKB decay rate and reflects approximately the global symmetry of the system: a radial symmetry for runs B and D, and a complex one for run E. In the latter, one can identify two symmetry axes: (i) the direction perpendicular to the radial (ii) the direction perpendicular to the mean field. The presence of these two symmetry axes was already highlighted in the observational study of Saur & Bieber (1999). In all cases, the faster decay is always along the radial axis: gradients perpendicular to the radial dissipate less easily than gradients along the radial. Most interestingly, as already seen from fig. 4, runs with nonzero mean field decay faster with distance. This may be explained because the mean field leads to a larger Alfvén coupling and thus forces the otherwise linearly conserved quantities ($B_{y,z}$, U_x) to follow the intermediate $1/R$ energy decay rate.

To compare with observational data, in fig. 9 we plot the radial decay of magnetic energy density at different radial wavenumbers (increasing from top to bottom) for run E. The curves are compensated by $1/R$ which is the expected WKB decay for large scales subject to Aflvénic coupling. We can distinguish two wavenumber intervals. Large parallel scales ($2 \leq K_x \leq 8$) follow the $1/R$ WKB law, while smaller scales decay as $E \propto 1/R^2$ in the short interval $24 \leq K_x \leq 32$. This behavior is akin to that reported by Bavassano et al. (1982)

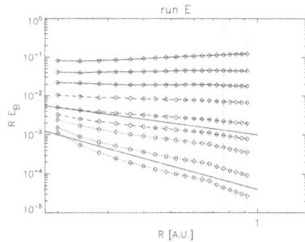

FIG. 9.— Run E. Radial decrease vs heliocentric distance R of the 1D magnetic energy spectrum $E_B(K_x)$ at different radial wavenumbers: $K_x = 1, 2, 4, 8, 16, 24, 32, 48, 64$. Curves are compensated by a $1/R$ decrease. Solid lines: $1/R^2$ and $1/R^3$ decay laws. Vertical dotted lines mark the two distances between which the radial decay rate is computed and represented in the previous fig. 8

who analyzed Helios data of fast streams emanating from an equatorial extension of a coronal hole. In the data, the WKB scaling is found for a frequency band belonging to the $1/f$ range of the spectrum, while higher frequency bands in the $1/f^{5/3}$ range have a $1/R^2$ decay.

In fig. 9 the wavenumber interval with $1/R$ and $1/R^2$ scaling laws is short. This reflects the fact that the spectrum (not shown) displays a smooth transition from the $1/f$ branch to the $1/f^{5/3}$ branch, at variance with the sharper spectral break found in observations. The origin of this difference probably lies in the limited range of scales available in our simulations, which makes difficult to obtain two clearcut power law ranges in a such small interval of scales.

4.3. Spectral anisotropy

After exploring the anisotropy of the decay rates in Fourier space, let us return to the spectral anisotropy, and see if we can generalize the analysis given for the radial mean field to the oblique field case. We thus compare runs D and E.

Using as a diagnostic tool the 1D reduced spectra (not shown), we find that run E has basically the same component anisotropy as run D (fig. 7d). Nevertheless, one expects differences in spectral anisotropy due to the fact that the two axis of symmetry are no longer parallel in run E. To see these differences in detail, we consider cuts of the 3D energy spectrum in the K_x, K_y plane at $K_z = 0$, since gyrotropy is not expected for run E. In fig. 10 we combine such cuts with sketches that show how the ideas developed for run D can be extended to cope with the oblique case of run E.

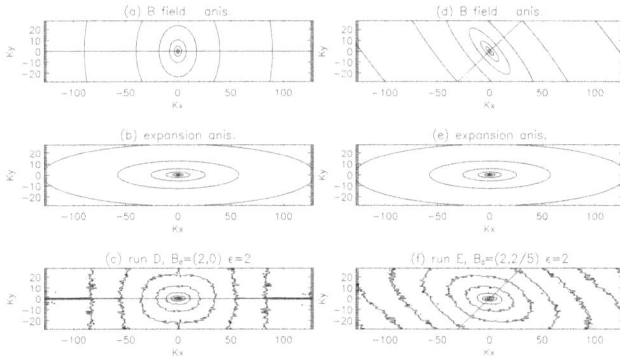

Fig. 10.— Runs D and E. Mechanism for anisotropy formation. Cut in the $(K_x, K_y, 0)$ plane of the 3D magnetic energy spectrum. Left column: case with radial mean field. Right column: case with oblique mean field. Top panels: sketch of spectra perpendicular to mean field (straight lines indicate the mean field direction) driven by the solar nonlinear terms. Mid panels: sketch of the kinematic contraction of the spectrum due to the sole linear expansion. Bottom panels: True spectral isocontours for run D (left) and E (right) at time $t = 1.8 \, t_{NL}$.

As we know, energy tends to cascade in directions perpendicular to the mean field in Fourier space, resulting in an elongation of contours in the direction perpendicular to the mean field. Sketches of such spectra are plotted in the top panels (a) and (d) of fig. 10, where the thick line indicates the direction of the mean magnetic field.

We also know that the linear kinematic expansion leads to a contraction in Fourier space on the K_x axis, thus showing another, well-defined anisotropy with symmetry axis along the radial direction. A sketch of such spectra induced by expansion of an initial isotropic spectrum is plotted in the middle panels (b) and (e) of fig. 10.

On the bottom panels of the figure we finally show the true spectra, at time 1.8 (corresponding to a heliocentric distance of about 1 AU). They result from the combinination of the two previous transformations. In run D (panel c), the magnetic field is aligned with the radial, so there is just one symmetry axis. The two anisotropies work against each other, with the cascade pushing the isocontours in the K_y direction and expansion pulling toward smaller K_y. The final spectrum is almost isotropic, although a careful inspection actually shows that large scales ($k < 10$) follow the anisotropy induced by expansion, while small scales tend to recover the anisotropy induced by the magnetic field.

In the case with oblique mean field (panel f), we can distinguish the two different axes of symmetry given by the radial direction (expansion) and by the direction of the magnetic field (the line at approximately 45°). One clearly sees that at large scales the symmetry axis is the radial, as should be the case for the expansion-dominated system; at smaller scales the isocontours elongate progressively along the oblique axis perpendicular to the mean field, while still keeping some of the raidal anisotropy. Thus, expansion affects also the anisotropy of "turbulent" scales, and not only of the large energy-containing scales. We recall that a clear deviation from gyrotropy has been found in observations in the early

work by Saur & Bieber (1999) and more recently in the work by Narita et al. (2010).

As a final remark on spectral anisotropy, we mention that the tendency of an increasing radial anisotropy with increasing heliocentric distances found in our simulation is in apparent contraddiction with observations. In the solar wind, the measure of correlations scales in field-parallel and field-perpendicular directions shows a tendency of fluctuations to align in the the plane perpendicular to the mean field (e.g. Dasso et al. 2005; Ruiz et al. 2011. We rather observe the opposite tendency in run D, with radial magnetic field. However, in run E with oblique mean field, the initial isotropic spectrum evolves into a spectrum with more energy in the field-perpendicular direction (fig. 10f), consistent with the above mentioned observations. Thus, having a rotating mean magnetic field (i.e. two distinct axis of symmetry) appears to be fundamental in determining the evolution of spectral anisotropy with distances, since rotations allows turbulent scales to partially escape the effect of expansion.

4.4. Component anisotropy: mechanism for the magnetic and perpendicular excess

We want to explain here why expansion enhances the magnetic excess when it exists (the zero mean field case) and why it generates in all cases (that is, whatever the mean field) an excess of the perpendicular components.

Consider the zero mean field case first. As already said, we assume that the excess of magnetic energy in non expanding runs with zero mean field is due to the local dynamo effect which transfers energy from kinetic to magnetic components (see Müller & Grappin (2005)), with the Alfvén effect allowing to reach a balance with the dynamo, so leading to a definite value of the magnetic excess at each scale, the Alfvén effect dominating completely at the dissipative scales. This is summarized in fig.11a which shows schematically the respective magnetic and velocity spectra, summarizing the regime of run A.

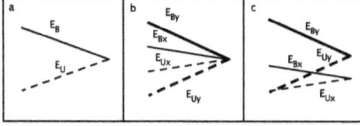

FIG. 11.— Schematics of component anisotropy mechanisms. See text.

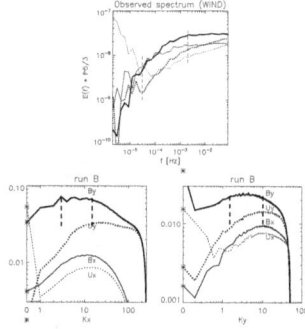

FIG. 12.— Spectra, component by component. Comparison between the observed frequency spectra (top) and the wavenumber spectra of run B (bottom). Top panel: frequency spectra compensated by $f^{-5/3}$ obtained from Wind mission during April 1995-July 1995. Solid lines: magnetic field. Dashed lines: velocity field. Thin lines: radial component (R). Thick lines: component perpendicular (to the ecliptic) (N). Bottom panels: spectra of run B at time $t = 2$, same line styles as in fig. 7. Left: radial spectra $E(K_x)$ compensated by $K_x^{-5/3}$. Right: perpendicular (to the radial) spectra $E(K_y)$ compensated by $K_y^{-5/3}$. In the bottom figures, the vertical dashed bars mark the extent of the inertial range, with scaling $K^{-5/3}$. In the top figure instead, the vertical dashed bars mark the extent of the f^{-1} fossil range. On the right most and on the left most sides one finds respectively the inertial range and the very large scales, the latter including longitudinal structures as the stream structure.

In the expanding case (run B), one observes a remarkable but puzzling ordering of the spectra for all scales visible in fig. 7b:

$$U_x < B_x < U_y < B_y \qquad (52)$$

Expansion here introduces a selective decay of the different components. We can write schematically the equations combining the Alfvén-dynamo (AD) effect and the damping terms of eqs. (9) and (10) for the residual energy $E_B - E_U$ of x or y, z components:

$$\frac{d(E_{Bx} - E_{Ux})}{dt} = AD - \frac{2E_{Bx}}{\tau_{exp}} \qquad (53)$$

$$\frac{d(E_{By} - E_{Uy})}{dt} = AD + \frac{2E_{Uy}}{\tau_{exp}} \qquad (54)$$

Because components are damped differently (damped for B_x, U_y, U_z, not for B_y, B_z, U_x), depending on whether this damping fights against or in favor of the magnetic excess, we will thus expect a larger magnetic excess for the perpendicular components than for the parallel one. This is schematized in fig. 11b.

Finally, to understand why the total (kinetic + magnetic) energy is larger for a perpendicular than a parallel component, one must consider total energy. Local dynamo and Alfvén terms only appear as transfers between magnetic and kinetic fields, and are therefore absent from the total energy equation which can be written as:

$$\frac{d(E_{Bx} + E_{Ux})}{dt} = -\frac{2E_{Bx}}{\tau_{exp}} \qquad (55)$$

$$\frac{d(E_{By} + E_{Uy})}{dt} = -\frac{2E_{Uy}}{\tau_{exp}} \qquad (56)$$

The damping rate for the total energy of the x component is based on $E_{Bx} \approx E_{tot,x}$ whereas the damping rate for the y component of the total energy is based on $E_{Uy} \ll E_{tot,x}$. This creates a gap between x and y, z components: $E_{tot,y} > E_{tot,x}$, as illustrated on fig. 11c. We have thus explained the ordering of component spectra of run B.

The case of run D is simpler: the Alfvén effect (equipartition between B and U) dominates completely the dynamo effect, so equipartition holds between U and B fields, and only the selective decay due to expansion is at work (eqs. 55- 56), so that the perpendicular components dominate.

How do the computed spectra compare with observations? We consider the spectra for each component in solar wind data at 1 AU. In fig. 12a we plot the spectra measured by the WIND mission, with spectra compensated by $f^{5/3}$. The period considered is around the minimum of solar activity, from April to July 1995, containing a mixed population of slow and fast streams. Components radial and normal to the ecliptic are indicated by respectively thin and thick lines, velocity and magnetic energy (in energy per unit mass) by solid and dotted lines. One can distinguish three spectral ranges in this figure: (i) the $f^{-5/3}$ range for the magnetic field on the right of the right vertical dashed bar ($f > 2\ 10^{-3}$ Hz), (ii) the f^{-1} central range between the two dashed bars, (iii) a large frequency range ($f < 3\ 10^{-5}$ Hz or periods larger than 9 hours) where one finds the dominant energy specific of the largest scales, namely the radial stream structure (U_r) that characterizes the large-scale solar wind, showing the imprint of the latitudinal and longitudinal magnetic topology of the solar corona.

Starting from the higher frequencies, one sees an excess of the non-radial component, and an excess of the magnetic energy that grows as frequency decreases. The magnetic excess continues to increase when entering the k^{-1} range, but saturates in the middle of this range, and the dominant energy becomes then that of the radial velocity, U_r. In order to allow for a detailed comparison, we have added (bottom left panel, fig. 12b) the $E(K_x)$ energy spectra of run B, including the energy in the perpendicular direction at $K_x = 0$. Fig. 12c is the same but for the $E(K_y)$ spectra. We see that the range between $K \approx 1$ and $K > 15$ compares favorably with the range $3\ 10^{-5} \leq f \leq 8\ 10^{-2}$ that encompasses the f^{-1} and inertial ranges in observational data. The main points of agreements are (i) the systematic magnetic excess, (ii) the systematic excess in perpendicular components, (iii) the growth of energy in the radial velocity component at the largest scales. In the simulations of run B, the radial streams are completely devoid of radial structures, so they appear only in the $K_x = 0$ modes, while they appear also at the large non zero $K_y > 0$ modes in the transverse spectra $E(K_y)$. In the observational data, it is worth to mention that the low frequency range in which the radial stream structure begins to appear actually mixes radial, longitudinal and latitudinal structures. This mixing is absent in run B that lacks of the initial coronal rotation.

There are however points of disagreement (i) the relative excess of the perpendicular components is much larger in the simulations than in the real wind (ii) the exchange of ordering between the B_y and U_x components that is observed in the data at large scales is not found in the simulations, where the largest scales are dominated by both B_y and U_x. A plausible explanation for the latter point is that the true initial conditions in the solar wind at $0.2\ AU$ very probably show already some dominance of the U_x component, while we considered instead equipartition between all degrees of freedom in our simulations. The first point is a consequence of the second. Assuming as usual a direct cascade, any increase of the large scale level of the U_x component will automatically lead, due to the Alfvén coupling, to a larger level of both the U_x and B_x components at smaller scales.

Two last remarks are in order. First, the magnetic excess shown by our observational data is a clear signature of the slow streams, not of the fast streams: the latter show a reduced or no magnetic excess (Grappin et al. 1991). This is the reason why we compared the observational spectra with that obtained in run B. Second, the mechanism that we propose here to explain the specific features of the component spectra found in the wind and in our data extends to the expanding wind the mechanism proposed by Grappin et al. (1983) and Müller & Grappin (2005). The mechanism involves a balance at all scales between the local dynamo effect and the Alfvén effect. In order to lead to the observed ordering and scaling (i.e., a large magnetic excess at large scale, and equipartition at small scales), the Alfvén effect must be dominant on the dynamo effect at all scales.

5. CONCLUSION

We have studied the evolution of turbulence using for the first time full 3D MHD simulations that are able to account for all basic physical effects due to the anisotropic expansion of a plasma volume embedded in a spherically expanding wind at constant speed (the Expanding Box Model, EBM). The main results can be summarized in the following three points.

(1) The *spectral anisotropy* is mainly due to the side-way stretching of the wind, that controls the dynamic at injection scales and acts at all scales, thus influencing *twice* the small scale anisotropy. At a distance of approximately 1 AU, the final anisotropy is determined by the two axis of symmetry of the problem, the radial axis (expansion) and the mean magnetic field axis (turbulence), with more energy residing in radial wave-vectors. In the case of radial mean field, the spectral anisotropy at a given heliocentric distance can be qualitatively predicted by knowing the initial mean field and rms amplitude of fluctuations (see eq. 50).

(2) We identified three main mechanisms that are responsible for the development of *component anisotropies* in our simulations. The linear damping due to expansion rules the decay of 2D modes, that is the largest parallel scales with $K_x = 0$ (2D is with respect to the radial direction). At all other scales, the component anisotropy results from a competition between expansion, non-linear stretching of the magnetic field (local dynamo), and the Alfvén relaxation effect (either based on

the global or local mean fields). This combination is able to explain the component anisotropy in simulations, and several features of the component anisotropy observed in the solar wind. However a discrepancy remains: the excess of transverse magnetic field that is not found in solar wind data.

(3) The selective decay of components combines with the spectral anisotropy to yield non-turbulent *radial streams* that resemble the observed microjets (McComas et al. 1995; Neugebauer et al. 1995). We anticipate that they differ in some aspect from the observations, and defer to future work a careful analysis of these structures.

We considered initial spectra that are isotropic and at equipartition, between kinetic and magnetic energy and among components. These initial conditions are not entirely representative of turbulence in the fast or slow wind, however we are able to recover most of the observed features, in particular the component anisotropy. This proves that the turbulence properties observed at 1 AU are at least partially due to the evolution of turbulence during its transport in the heliosphere, and are not a simple remnant of the initial coronal turbulence close to the Sun.

It is worth noting that some of our results can be used to constrain the unknown turbulence spectrum in the inner heliosphere. Our microjets are a remnant of initial conditions, they emerge because of the selective decay due to expansion. This suggests that they probably have a solar origin and offers an explanation (expansion) for their survival. On the other hand, the difference between simulated and observed spectral anisotropy suggests a weaker initial transverse magnetic field in the solar wind compared to our isotropic initial condition.

Further work is however needed. Based on the measure of radial decay of energy we were able to roughly identify the energy containing scales (fig. 8) that appear to be anisotropic, with the anisotropy being determined by both expansion and nonlinear interactions. We are currently working on a better identification of the energy containing scales by direct computation of the cascade rate through the Politano-Pouquet law (Politano & Pouquet 1998) in a version adapted to the EBM (Hellinger et al. 2013). This will allow us to understand the dynamic of injection scales and hence the imprint of coronal turbulence on the heliospheric spectra. Concerning dissipation, we also plan to modify the dissipative terms so as to allow a correct transfer of the dissipated turbulent energy into the internal energy of the plasma, while at the same time preventing a too sharp drop of the Reynolds number with distance.

We further plan to implement more realistic initial conditions, such as component and spectral anisotropy, or imbalance of outward-inward Elsasser fields. Finally, we also plan to analyze our data through simulated flybys and perform a local analysis to compare directly with more recent observations.

We thank warmly M. Velli for several fruitful discussions. The research leading to these results has received partial funding from the European Commission's Seventh Framework Programme (FP7/2007-2013) under the grant agreement SHOCK (project number 284515) and from the Interuniversity Attraction Poles Programme initiated by the Belgian Science Policy Office (IAP P7/08 CHARM). This work was performed using HPC resources from GENCI-IDRIS (Grant 2014-040219) and CINECA (ISCRA class C project HP10CDO94O).

14

REFERENCES

Bavassano, B., Dobrowolny, M., Mariani, F., & Ness, N. F. 1982, J. Geophys. Res., 87, 3616

Belcher, J. W. & Davis, L. 1971, Journal of Geophysical Research, 76, 3534

Bruno, R., D'Amicis, R., Bavassano, B., Carbone, V., & Sorriso-Valvo, L. 2007, Annales Geophysicae, 25, 1913

Chandran, B. D. G., Dennis, T. J., Quataert, E., & Bale, S. D. 2011, The Astrophysical Journal, 743, 197

Coleman, P. J. J. 1968, Astrophysical Journal, 153, 371

Cranmer, S. R. & van Ballegooijen, A. A. 2005, The Astrophysical Journal Supplement Series, 156, 265

Cranmer, S. R., van Ballegooijen, A. A., & Edgar, R. J. 2007, The Astrophysical Journal Supplement Series, 171, 520

Dasso, S., Milano, L. J., Matthaeus, W. H., & Smith, C. W. 2005, The Astrophysical Journal, 635, L181

Frisch, U. 1995, Turbulence. The legacy of A. N. Kolmogorov.

Grappin, R. 1996, in American Institute of Physics Conference Series, Vol. 382, American Institute of Physics Conference Series, ed. D. Winterhalter, J. T. Gosling, S. R. Habbal, W. S. Kurth, & M. Neugebauer, 306–309

Grappin, R., Léorat, J., & Pouquet, A. 1983, Astronomy and Astrophysics (ISSN 0004-6361), 126, 51

Grappin, R. & Velli, M. 1996, J. Geophys. Res., 101, 425

Grappin, R., Velli, M., & Mangeney, A. 1991, Annales Geophysicae (ISSN 0939-4176), 9, 416

—. 1993, Phys. Rev. Lett., 70, 2190

Hellinger, P., Trávníček, P. M., Matteini, L., & Velli, M. 2013, Journal of Geophysical Research, 118, 1

Lionello, R., Velli, M., Downs, C., Linker, J. A., Mikić, Z., & Verdini, A. 2014, The Astrophysical Journal, 784, 120

MacBride, B. T., Smith, C. W., & Forman, M. A. 2008, The Astrophysical Journal, 679, 1644

Matsumoto, T. & Suzuki, T. K. 2012, The Astrophysical Journal, 749, 8

Matteini, L., Landi, S., Hellinger, P., & Velli, M. 2006, Journal of Geophysical Research, 111, 10101

Matthaeus, W. H., Goldstein, M. L., & Roberts, D. A. 1990, Journal of Geophysical Research (ISSN 0148-0227), 95, 20673

Matthaeus, W. H., Zank, G. P., Smith, C. W., & Oughton, S. 1999, Phys. Rev. Lett., 82, 3444

McComas, D. J., Barraclough, B. L., Gosling, J. T., Hammond, C. M., Phillips, J. L., Neugebauer, M., Balogh, A., & Forsyth, R. J. 1995, Journal of Geophysical Research, 100, 19893

Montgomery, D., Turner, L., & Vahala, G. 1978, Physics of Fluids, 21, 757

Müller, W.-C. & Grappin, R. 2005, Physical Review Letters, 95

Narita, Y., Glassmeier, K.-H., Sahraoui, F., & Goldstein, M. L. 2010, Physical Review Letters, 104, 171101

Neugebauer, M., Goldstein, B. E., McComas, D. J., Suess, S. T., & Balogh, A. 1995, Journal of Geophysical Research, 100, 23389

Perez, J. C. & Chandran, B. D. G. 2013, The Astrophysical Journal, 776, 124

Politano, H. & Pouquet, A. 1998, Geophys. Res. Lett., 25, 273

Pouquet, A., Lee, E., Brachet, M. E., Mininni, P. D., & Rosenberg, D. 2010, Geophysical and Astrophysical Fluid Dynamics, 104, 115

Rappazzo, A. F., Velli, M., Einaudi, G., & Dahlburg, R. B. 2005, The Astrophysical Journal, 633, 474

Ruiz, M. E., Dasso, S., Matthaeus, W. H., Marsch, E., & Weygand, J. M. 2011, Journal of Geophysical Research (Space Physics), 116, 10102

Sahraoui, F., Goldstein, M. L., Belmont, G., Canu, P., & Rezeau, L. 2010, Physical Review Letters, 105, 131101

Saur, J. & Bieber, J. W. 1999, Journal of Geophysical Research, 104, 9975

Sorriso-Valvo, L., Marino, R., Carbone, V., Noullez, A., Lepreti, F., Veltri, P., Bruno, R., Bavassano, B., & Pietropaolo, E. 2007, Physical Review Letters, 99, 115001

Tenerani, A. & Velli, M. 2013, Journal of Geophysical Research: Space Physics, 118, 7507

Tu, C.-Y. 1987, Sol. Phys., 109, 149

Tu, C.-Y. & Marsch, E. 1993, J. Geophys. Res., 98, 1257

Tu, C.-Y., Pu, Z.-Y., & Wei, F.-S. 1984, Journal of Geophysical Research (ISSN 0148-0227), 89, 9695

Vasquez, B. J., Smith, C. W., Hamilton, K., MacBride, B. T., & Leamon, R. J. 2007, Journal of Geophysical Research, 112, A07101

Velli, M. 1993, Astronomy and Astrophysics (ISSN 0004-6361), 270, 304

Velli, M., Grappin, R., & Mangeney, A. 1990, Computer Physics Communications, 59, 153

Verdini, A., Grappin, R., Pinto, R., & Velli, M. 2012, The Astrophysical Journal Letters, 750, L33

Verdini, A. & Velli, M. 2007, The Astrophysical Journal, 662, 669

Verdini, A., Velli, M., & Buchlin, E. 2009, The Astrophysical Journal Letters, 700, L39

Verdini, A., Velli, M., Matthaeus, W. H., Oughton, S., & Dmitruk, P. 2010, The Astrophysical Journal Letters, 708, L116

6.3 De plusieurs décroissances à plusieurs pentes ?

Lorsque l'on considère les grandes échelles dans les simulations EBM, la décroissance de l'énergie des différentes composantes est régie par la compétition entre décroissance linéaire "non-WKB" (c'est-à-dire selon $U_x \sim B_y \sim B_z \sim 1/R$ et $U_y \sim U_z \sim B_x \sim 1$), décroissance WKB $U_i \sim B_i \sim 1/\sqrt{R}$ et décroissance non-linéaire due à la cascade turbulente. La prédominance d'une de ces trois lois de décroissance est donnée par la comparaison entre les différents temps caractéristiques de ces effets. Ces temps sont :

$$\tau_A = \frac{1}{kB_0} \tag{6.8}$$

$$\tau_{exp} = \frac{U_0}{R} \tag{6.9}$$

$$\tau_{NL} = \frac{1}{k\sqrt{kE(k)}} \tag{6.10}$$

Où B_0 est le champ magnétique moyen, U_0 la vitesse radiale du vent, R la distance au soleil, $E(k)$ la densité spectrale d'énergie 1D.

La décroissance non-WKB prédominera si $\tau_{exp} < \tau_A, \tau_{NL}$. La décroissance WKB prendra le dessus à partir du moment où les échanges alfvéniques égaliseront les énergies de U_i et B_i, c'est-à-dire dès lors que $\tau_A < \tau_{exp} < \tau_{NL}$. Enfin, la décroissance due aux transferts non-linéaires turbulents sera dominante vis-à-vis des autres à partir du moment où le temps non-linéaire τ_{NL} sera inférieur au temps nécessaire à l'expansion pour "séparer" les structures par l'expansion transverse : $\tau_{NL} < \tau_{exp}$.

A ce raisonnement simple s'ajoute en réalité des couplages entre composantes dans les termes non-linéaires.

Lorsque l'on considère les spectres de l'énergie magnétique ou cinétique, on additionne l'énergie des composantes x, y, z. Mais le comportement asymptotique "non-WKB" de ces composantes est différent selon que l'on considère le champ magnétique ou le champ de vitesse. Alors le taux de décroissance "non-WKB" de l'énergie est également différent et dépend de la répartition de l'énergie dans les composantes x, y, z.

Dans l'exemple suivant, nous considérons une simulation EBM de taille 512^3, avec un champ magnétique moyen radial $B_0 = 0.5$ et une expansion de $U_0 = 2$ (voir notations de l'article). Cette simulation a été menée jusqu'au temps $t_{max} = 2t_{NL}^0$. Nous allons comparer les spectres réduits radiaux (x) à deux temps $t_1 = 1t_{NL}^0$ et $t_2 = 2t_{NL}^0$ pour étudier les mécanismes de décroissances de l'énergie entre ces deux temps.

Sur les figures 6.2, nous avons d'abord tracés les spectres de l'énergie magnétique 6.2a et cinétique 6.2b au temps t_1. A partir des niveaux d'énergies des différentes composantes à ce temps t_1, nous avons calculé les niveaux d'énergie attendus au temps t_2 si le seul terme de décroissance était non-WKB (tirets) ou WKB (tiret - point).

$$E_B^{non-WKB}(t_2) = E_{Bx}(t_1)\left(\frac{R(t_1)}{R(t_2)}\right)^2 + E_{By}(t_1) + E_{Bz}(t_1) \tag{6.11}$$

$$E_U^{non-WKB}(t_2) = E_{Ux}(t_1) + (E_{Uy}(t_1) + E_{Uz}(t_1))\left(\frac{R(t_1)}{R(t_2)}\right)^2 \tag{6.12}$$

$$E_B^{WKB}(t_2) = E_B(t_1)\frac{R(t_1)}{R(t_2)} \tag{6.13}$$

$$E_U^{WKB}(t_2) = E_U(t_1)\frac{R(t_1)}{R(t_2)} \tag{6.14}$$

(a) Spectre magnétique   (b) Spectre cinétique

(c) Temps caractéristiques

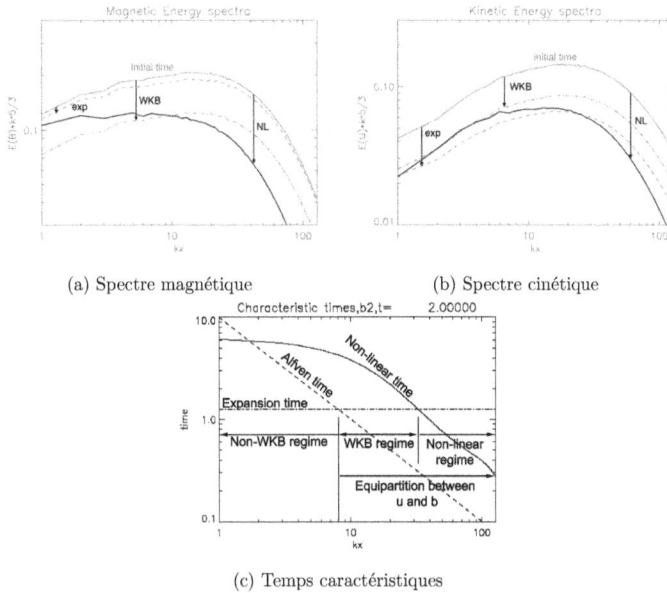

FIGURE 6.2 – Spectre de l'énergie (compensé par $k^{5/3}$) de U et B à deux temps de simulation distincts, et prédiction de la décroissance linéaire et WKB à partir du premier temps (voir texte). En bas : temps caractéristiques en fonction du nombre d'onde radial k_x.

Enfin, nous avons tracés les spectres calculés par EBM pour le temps t_2. On constate qu'aux grandes échelles $k \leq 3$, le spectre au temps t_2 suit approximativement la prédiction non-WKB, que pour $5 < k < 20$, le spectre au temps t_2 suit approximativement la prédiction WKB, et que pour $k > 20$, le spectre montre une décroissance supérieure aux deux prédictions.

On a tracé sur la figure 6.2c les temps caractéristiques $\tau_{exp}, \tau_A, \tau_{NL}$ au temps t_2. On peut alors distinguer les différents k_x pour lesquels le régime dominant est non-WKB, WKB ou non-linéaire. On constate alors qu'à chaque régime, le spectre en t_2 suit la prédiction correspondante. On remarque cependant que la décroissance réelle au temps t_2 est toujours légèrement plus importante que ce que prévoit la prédiction correspondante au régime. C'est sans doute parce qu'il persiste à toutes les échelles une décroissance due à des couplages non-linéaires, même s'ils ne sont pas dominants. Ainsi, alors que l'étude des temps caractéristiques prédit que le régime WKB est dominant entre $8 \leq k \leq 30$, on constate qu'à ces nombre d'ondes là, le spectre en t_2 est légèrement en deçà de la prédiction WKB.

Un phénomène important est illustré ici. Entre les spectres cinétiques et magnétiques, l'ordre des prédictions non-WKB et WKB s'inverse :

95

$$E_B^{non-WKB}(t_2) > E_B^{WKB}(t_2) \tag{6.15}$$

$$E_U^{non-WKB}(t_2) < E_U^{WKB}(t_2) \tag{6.16}$$

Ceci se traduit par une modification des pentes des spectres en t_2. Supposons par simplicité (comme dans les simulations de la figure 6.2) l'équipartition initiale entre u et B, alors les plus grandes échelles non-WKB seront davantage amorties par rapport aux échelles intermédiaires WKB pour le champ cinétique. Cela entraîne des pentes différentes pour le spectre cinétique et le spectre magnétique. Plus précisément, la pente du spectre cinétique sera moins forte que celle du spectre magnétique.

Nous avons conscience que les pentes dans ces régimes ne font par définition pas partie de la zone inertielle. Ceci étant nous observons ce phénomène à l'origine d'une certaine asymétrie des pentes entre u et B qui joue un rôle encore à déterminer sur la répartition de l'énergie et les pentes de spectres aux limites grandes échelles de la zone inertielle.

6.4   Des modèles en couches pour l'expansion du vent solaire

Dans le vent solaire et dans les simulations EBM, on observe différentes anisotropies de polarisation entre les composantes de U et B (voir eqs. 52 de l'article). Dans cette partie, nous allons étudier différents modèles en couche avec pour but d'une part de reproduire les inégalités de polarisations obtenues avec EBM, et d'autre part d'accéder à des nombre de Reynolds supérieurs et des gammes de nombres d'onde supérieurs pour distinguer correctement les comportements de la zone en k^{-1} et de la zone inertielle.

Pour cela, nous allons nous inspirer du modèle présenté dans la partie 4.4 de l'article pour construire des modèles en couche permettant de remplir les objectifs précédemment proposés.

Les modèles en couches permettent de simuler les transferts non-linéaires à la base des lois d'échelles dans la zone inertielle. Nous avons déjà rencontré le noyau de transfert spectral du modèle en couche au chapitre introductif 1.3.4. Ce modèle le plus simple nous montre qu'un noyau non-linéaire de la forme Desnyananski-Novikov (DN) est un moyen de reproduire la loi d'échelle en $k^{-5/3}$ de l'énergie totale, pour les distinguer, nous appellerons ce modèle shell le plus simple le modèle S.

Nous avons ensuite introduit le modèle de Tu et al. (1984) au premier paragraphe de ce chapitre (voir 6.1). Il permet quant à lui de reproduire la cassure de pente entre un régime fossile en k^{-1} et la zone inertielle en $k^{-5/3}$. Nous ferons référence à ce modèle sous le sigle de TPW.

Dans la suite, nous allons intégrer numériquement une première version du modèle explicatif de l'article (cf. chap. 6.4.1). Pour cela, nous nous limiterons à un modèle qualitatif de l'amortissement turbulent de l'énergie et du couplage dynamo locale-Alfvén. Remarquons qu'un tel modèle n'effectuera aucun transfert d'énergie entre les échelles, mais y simulera un amortissement turbulent effectif. Nous verrons, comme il est expliqué dans l'article, qu'un tel modèle est suffisant pour reproduire les inégalités (6.18)- (6.17) entre les composantes des champs magnétiques et cinétiques, respectivement aux grandes et petites échelles. Ce modèle directement tiré de l'article est appelé par la suite le modèle A.

Ensuite, nous composerons avec tous ces ingrédients un modèle en couche prenant en compte :

- un noyau DN de couplages non-linéaire entre échelles comme le modèle S, qui prendra en compte les transferts spectraux,

Nom	NL	Dynamo	Exp	éqs.	fig.	k^{-1}	$E_T \sim k^{-5/3}$	$E_R \sim k^{-2}$	(6.18)-(6.17)
S	DN	0	0	(1.23)			✓		
TPW	DN	0	✓	(6.2)	6.1	✓	✓		
A	$\frac{-E_T}{\tau_{NL}}$	E_T/τ_{NL}	✓	(6.25)	6.4				✓
F1	DN	$\|DN\|$	✓	(6.39)	6.5	✓	✓		✓
F2	DN	E_T/τ_{NL}	✓	(6.40)	6.6-6.8	✓	✓	✓	✓

TABLE 6.1 – Différents modèles de systèmes dynamiques considérés dans ce chapitre, ainsi que leurs équations, les figures correspondantes et les propriétés mises en avant. Les modèles S et TPW dont des modèles connus (respectivement Desnyansky and Novikov (1974) et Tu et al. (1984), les modèles A, F1, F2 sont les nouveaux modèles proposés ici, à partir du modèle général "dynamo locale, Alfvén, expansion" proposé dans l'article.

- une expansion isotrope de l'espace pour prendre en compte les effets de gel de la turbulence comme dans le modèle TPW,

- les interactions entres les différentes composantes des champs magnétiques et cinétiques comme dans le modèle A, permettant de simuler l'équilibre dynamo locale-Alfvén.

Un tel modèle permet de réunir les trois propriétés précédemment observées, gel de la turbulence, spectre turbulent, et inégalités entre les amplitudes des composantes aux grandes (6.17) et petites (6.18) échelles. Nous présenterons deux variations (modèles F1 et F2) d'un modèle regroupant ces trois ingrédients. Ils diffèrent par leur choix de modélisation de l'effet dynamo locale. On verra qu'un tel choix mènera à différents indices spectraux pour l'énergie résiduelle $E_R = E_B - E_U$.

Nous résumons dans le tableau 6.1 ces différents modèles présentés, les mécanismes introduits et les propriétés obtenues. Nous expliciterons ces modèles dans les sections suivantes.

6.4.1 Modèle A : Relations d'ordre des différentes composantes : dynamo locale, Alfvén et expansion

Nous allons ici détailler un modèle numérique pour le modèle introduit dans l'article. L'objectif de ce modèle (A) est de comprendre les mécanismes à l'origine des inégalités entre les différentes composantes des champs magnétiques et cinétiques, aux grandes et petites échelles dans les simulations EBM. Rappelons rapidement les inégalités retrouvées dues à l'expansion et au couplages dynamo-Alfvén.

Nous avons reproduit sur la fig. 6.3 le spectre 1D réduit dans la direction K_y (simulation B au temps $t = 2$ de l'article).

L'étude de ces résultats a déjà été présentée dans l'article. Ici nous nous contenterons de rappeler que nous trouvons dans le cas avec expansion sans champ moyen (run B) les inégalités suivantes. Aux grandes échelles :

$$B_x < U_y < U_x < B_y \qquad (6.17)$$

Aux petites échelles :

$$U_x < B_x < U_y < B_y \qquad (6.18)$$

Le modèle général dynamo locale, Alfvén, expansion de l'article introduits les ingrédients de l'amortissement différentiel des composantes dû à l'expansion (cf. eqs. 31-34 de

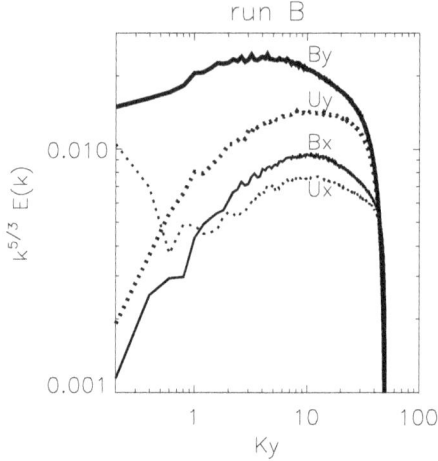

FIGURE 6.3 – Spectres réduits $E(K_y)$ compensés par $K_y^{-5/3}$ en fonction du nombre d'onde perpendiculaire à la radiale K_y, pour les composantes x et y des champs magnétique et cinétique pour la simulation B au temps $t = 2$. On remarque les différentes inégalités entre les amplitudes de l'énergie des différentes composantes. Aux grandes échelles, nous observons $B_y > U_x > U_y > B_x$ et $B_y > U_y > B_x > U_x$ aux petites échelles. (figure tirée de l'article, fig. 12c)

l'article) et du couplage dynamo locale-Alfvén sous le terme AD. Ici, nous nous proposons d'expliciter ce couplage et d'intégrer numériquement les équations résultantes.

Ces mécanismes seront modélisés de la sorte :

1. Effet d'expansion : Différents amortissements linéaires touchent les différentes composantes. Ces amortissement sont donnés par les équations de conservation du flux magnétique et du moment cinétique. Ils seront modélisés par (rappelons que B représente le champ magnétique en unité de vitesse d'Alfvén) :

$$\frac{d(E_{Bx})}{dt} = -\frac{2E_{Bx}}{\tau_{exp}} \tag{6.19}$$

$$\frac{d(E_{By,z})}{dt} = 0 \tag{6.20}$$

$$\frac{d(E_{Ux})}{dt} = 0 \tag{6.21}$$

$$\frac{d(E_{Uy,z})}{dt} = -\frac{2E_{Uy,z}}{\tau_{exp}} \tag{6.22}$$

où $\tau_{exp} = U/R(t)$ est le temps caractéristique de l'expansion transverse des structures dans un volume de plasma advecté par le vent.

2. Effet Alfvén : L'équipartition entre les énergies cinétiques et magnétiques due au

couplage linéaire des ondes d'Alfvén a lieu au rythme du temps d'Alfvén τ_A :

$$\frac{d(E_B)}{dt} = -\frac{E_B - E_U}{2\tau_A} \; ; \qquad\qquad \frac{d(E_U)}{dt} = \frac{E_B - E_U}{2\tau_A} \qquad (6.23)$$

3. Effet dynamo locale : Un transfert positif d'énergie des composantes du champ de vitesse aux composantes respectives du champ magnétique a lieu au rythme des couplages non-linéaires turbulents de l'énergie totale. On choisit dans ce modèle A de modéliser ce couplage par la même expression que le terme d'amortissement turbulent $dE_T/dt = E_T/\tau_{NL}$:

$$\frac{d(E_B - E_U)}{dt} = \frac{E_B + E_U}{\tau_{NL}} \qquad (6.24)$$

Les équations d'évolutions pour un tel régime sont alors :

$$\frac{d(E_B - E_U)}{dt} = \frac{E_B + E_U}{\tau_{NL}} - \frac{E_B - E_U}{\tau_A} - \frac{2(E_{B_x} - E_{U_{y,z}})}{\tau_{exp}} \qquad (6.25)$$

$$\frac{d(E_B + E_U)}{dt} = -\frac{E_B + E_U}{\tau_{NL}} - \frac{2(E_{B_x} + E_{U_{y,z}})}{\tau_{exp}} \qquad (6.26)$$

Les équations du système dynamique pour chaque composante sont choisies en sélectionnant des termes diagonaux pour les termes de décroissance non-linéaire et de dynamo locale.

$$\frac{d(E_{Bx})}{dt} = -\frac{E_{Bx} - E_{Ux}}{2\tau_A} - \frac{2(E_{B_x})}{\tau_{exp}} \qquad (6.27)$$

$$\frac{d(E_{Ux})}{dt} = +\frac{E_{Bx} - E_{Ux}}{2\tau_A} - \frac{E_{Bx} + E_{Ux}}{\tau_{NL}} \qquad (6.28)$$

$$\frac{d(E_{By})}{dt} = -\frac{E_{By} - E_{Uy}}{2\tau_A} \qquad (6.29)$$

$$\frac{d(E_{Uy})}{dt} = +\frac{E_{By} - E_{Uy}}{2\tau_A} - \frac{E_{By} + E_{Uy}}{\tau_{NL}} - \frac{2(E_{Uy})}{\tau_{exp}} \qquad (6.30)$$

$$\frac{d(E_{Bz})}{dt} = -\frac{E_{Bz} - E_{Uz}}{2\tau_A} \qquad (6.31)$$

$$\frac{d(E_{Uz})}{dt} = +\frac{E_{Bz} - E_{Uz}}{2\tau_A} - \frac{E_{Bz} + E_{Uz}}{\tau_{NL}} - \frac{2(E_{Uz})}{\tau_{exp}} \qquad (6.32)$$

où $\tau_A = 1/kB_0$, $\tau_{NL} = 1/k\sqrt{kE(k)}$ et $\tau_{exp} = U_0/R$ (cf. eq (6.8)- (6.22)).

Les résultats de l'intégration numérique de ce modèle sont représentées sur la figure 6.4. On constate qu'aux grandes échelles, l'inégalité entre les composantes des deux champs satisfait bien l'équation (6.17), et aux petites échelles l'équation (6.18). On remarque également que l'on retrouve certaines propriétés rencontrées dans les simulations EBM. Examinons cela en détail.

L'énergie résiduelle E_{Ry} est largement plus importante que E_{Rx} même aux petites échelles. Cela est expliqué dans l'article par l'interaction constructive (resp. destructive) de la décroissante linéaire de E_{Uy} (resp E_{Bx}) et de l'effet dynamo locale pour la composante y (resp. x).

$E_{Ty} > E_{Tx}$ est un autre phénomène observé dans les simulations EBM, expliqué dans l'article et retrouvé ici. Nous n'y reviendrons pas.

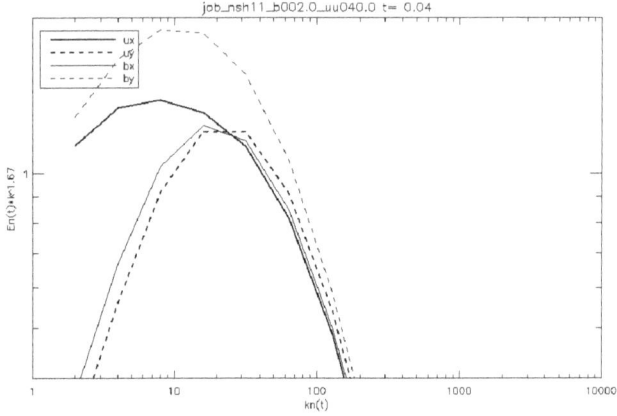

FIGURE 6.4 – Résultats d'une intégration numérique des équations 6.25, on constate les orderings attendus aux grandes et petites échelles.

Le spectre obtenu par un tel modèle ne saurait montrer de région à pente constante et encore moins de zone inertielle dans la mesure où il n'y a aucun terme de transfert d'énergie entre échelles dans les équations. Pour cela, il faut introduire un noyau non-linéaire à la Desnyanski-Novikov (DN) de transfert non-linéaire à la place de $\partial_t E_T = -E_T/\tau_{NL}$.

Quant au terme $\partial_t E_R = E_T/\tau_{NL}$ qui modélise l'effet dynamo locale, il peut être remplacé par un terme défini positif de transfert d'énergie du champ cinétique au champ magnétique. Nous choisissons $\partial_t E_R = ||DN||$ dans F1 et revenons à une version basée sur le temps non-linéaire $\partial_t E_R = E_T/\tau_{NL}$ dans F2.

6.4.2 Modèles F1-F2 : Modèle en couches pour retrouver des pentes spectrales

Dans le modèle F1, nous remplaçons les termes d'amortissement turbulent du modèle A par le noyau DN de couplage non-linéaire. Les équations s'écrivent formellement :

$$\frac{d(E_B - E_U)}{dt} = Dynamo(E_B + E_U) - \frac{E_B - E_U}{\tau_A} - \frac{2(E_{B_x} - E_{U_{y,z}})}{\tau_{exp}} \qquad (6.33)$$

$$\frac{d(E_B + E_U)}{dt} = DN(E_B) + DN(E_U) - \frac{2(E_{B_x} + E_{U_{y,z}})}{\tau_{exp}} \qquad (6.34)$$

où DN est le noyau non-linéaire qui modélise les transferts turbulents (cf. 6.1) et γ est une constante qui mesure l'efficacité de la dynamo locale par rapport aux transferts non-linéaires.

Ici, DN est appliqué non plus aux quantités rms u_n, mais aux densités spectrales

100

d'énergie 1D $E(k_n)$, on réécrit DN en conséquence :

$$\partial_t u_n = -\alpha k_n u_n u_{n+1} + \alpha k_{n+1} u_{n+1} u_{n+1} + \beta k_{n-1} u_{n-1} u_{n-1} - \beta k_n u_n u_{n-1} \tag{6.35}$$

$$u_n^2 = k_n E(k_n) \tag{6.36}$$

$$\partial_t E(k_n) = \frac{1}{k_n} \partial_t u_n^2 \tag{6.37}$$

$$
\begin{aligned}
\partial_t E(k_n) = \frac{2}{k_n} \sqrt{k_n E(k_n)} \Big(&- \alpha k_n \sqrt{k_n E(k_n)} \sqrt{k_{n+1} E(k_{n+1})} \\
&+ \alpha k_{n+1} \sqrt{k_{n+1} E(k_{n+1})} \sqrt{k_{n+1} E(k_{n+1})} \\
&+ \beta k_{n-1} \sqrt{k_{n-1} E(k_{n-1})} \sqrt{k_{n-1} E(k_{n-1})} \\
&- \beta k_n \sqrt{k_n E(k_n)} \sqrt{k_{n-1} E(k_{n-1})} \Big) \equiv DN(E(k_n))
\end{aligned}
\tag{6.38}
$$

Pour des raisons de simplicité et de minimum d'hypothèses, on choisit un modèle diagonal du noyau non-linéaire. Cela signifie que chaque composante A_i a son propre noyau non-linéaire et n'est pas influencé par les autres. Un modèle plus élaboré consisterait à écrire ces couplages sur les variables d'Elsässer pour mélanger les champs magnétiques et cinétiques, puis à réécrire le noyau non-linéaire pour mieux prendre en compte le rôle des différentes composantes. Mais cela limiterait la compréhension possible du modèle.

Le choix du terme $Dynamo(E_B + E_U)$ n'influence que la forme de l'énergie résiduelle. Selon la loi d'échelle de ce terme dynamo, l'énergie résiduelle aura une forme différente, mais les inégalités concernant les composantes resteront valables. Ici, nous proposons deux variantes qui nous paraissent également valables pour le choix du terme dynamo locale.

- Le modèle F1 présente un terme dynamo locale "3D" qui prend en compte les couplages non-linéaires de toutes les composantes à l'échelle considérée.

$$Dynamo^{(F1)}(E_B + E_U) = \gamma \sum_{i=x,y,z} |DN(E_{Bi})| + |DN(E_{Ui})| \tag{6.39}$$

Où γ est un paramètre modélisant l'efficacité de la dynamo locale. γ est indépendant de k dans notre modèle. Nous verrons qu'un tel modèle ne donne pas la loi $E_R \sim k^{-2}$ attendue pour l'énergie résiduelle (comme elle a été observée dans les simulations de Grappin et al. (1983); Müller and Grappin (2005)).

- Le modèle F2 présente quant à lui un terme dynamo diagonal (dans le sens où il est indépendant pour chaque composante de l'énergie totale). Notre terme dynamo fait apparaître le temps non-linéaire comme dans le modèle A.

$$Dynamo^{(F2)}(E_{Bi} + E_{Ui}) = \gamma(E_{Bi} + E_{Ui})/\tau_{NL} \tag{6.40}$$

où $\tau_{NL} = 1/k_n \sqrt{(E_{Ui})}$. Nous verrons qu'un tel modèle présente immédiatement des lois d'échelles en $E_R \sim k^{-2}$.

- On peut construire un modèle F3 dont l'idée est la suivante : Du point de vue de l'énergie totale, la cascade directe reçoit de l'énergie des grandes échelles et donne de l'énergie aux petite échelles. Comment pourrait-on créer un déséquilibre entre E_B et E_U qui soit indexé sur cette cascade non-linéaire ? L'idée du modèle F3 pour créer ce déséquilibre (qui est le terme de dynamo locale) est de modéliser le couplage dynamo locale-Alfvén en choisissant de recevoir toute l'énergie totale en provenance des grandes échelles sur la composante magnétique et de pomper toute l'énergie totale qui cascade aux petites échelles sur la composante cinétique. Le couplage Alfvénique est en charge de transférer l'énergie entre ces deux composantes à une échelle donnée.

L'inspiration pour ce modèle vient de la remarque que $Dynamo^{(F2)}(E_{Ti})$ est formellement proche de $|DN(E_{Ti})|$. Alors, si on considère les équations du couple énergie totale, énergie résiduelle pour la composante x :

$$\frac{d(E_{Bx} - E_{Ux})}{dt} = |DN(E_{Bx})| + |DN(E_{Ux})| \tag{6.41}$$

$$\frac{d(E_{Bx} + E_{Ux})}{dt} = DN(E_{Bx}) + DN(E_{Ux}) \tag{6.42}$$

qui se réécrit pour les champs magnétiques et cinétiques :

$$\frac{dE_{Bx}}{dt} = DN_+(E_{Bx}) + DN_+(E_{Ux}) \tag{6.43}$$

$$\frac{dE_{Ux}}{dt} = DN_-(E_{Bx}) + DN_-(E_{Ux}) \tag{6.44}$$

Où DN_+ et DN_- sont les parties positives et négatives de DN. Cependant, une telle forme ne peut être directement utilisée car $DN(E)$ en tant que somme des transferts avec les voisins $n-1$ et $n+1$, est toujours négatif (sauf à la dernière échelle N_{max}), comme on peut le voir en pensant le couplage non-linéaire comme un amortissement turbulent. Cependant, on peut découper DN de telle sorte qu'un terme dynamo positif puisse être exprimé à partir du terme de couplage :

$$\widetilde{DN_+}(E(k_n)) = \frac{2}{k_n} u_n \big(\alpha k_{n+1} u_{n+1}^2 + \beta k_{n-1} u_{n-1}^2 \big) \tag{6.45}$$

$$\widetilde{DN_-}(E(k_n)) = -\frac{2}{k_n} u_n \big(\alpha k_n u_n u_{n+1} + \beta k_n u_n u_{n-1} \big) \tag{6.46}$$

$$\frac{dE_{Bx}}{dt} = \widetilde{DN_+}(E_{Bx}) + \widetilde{DN_+}(E_{Ux}) \tag{6.47}$$

$$\frac{dE_{Ux}}{dt} = \widetilde{DN_-}(E_{Bx}) + \widetilde{DN_-}(E_{Ux}) \tag{6.48}$$

On remarquera que l'on conserve bien $d(E_{Bx} + E_{Ux})/dt = DN(E_{Bx}) + DN(E_{Ux})$.

Ce modèle qui présente l'avantage d'indexer directement le terme dynamo sur l'amplitude du flux non-linéaire donne les mêmes résultats que le modèle F2, on n'en présentera donc pas les résultats séparément.

Modèles F1 et F2, points communs

La figure 6.5 montre les résultats de l'intégration du modèle F1. On obtient avec succès une zone dominée par le k^{-1}, une zone inertielle, un excès magnétique sur la quasi totalité de la zone inertielle, et un ordering des énergies similaire à celui mesuré dans le vent solaire. Cependant, on ne retrouve pas de loi d'échelle en k^{-2} pour le spectre de l'énergie résiduelle.

Spectres de l'énergie totale et résiduelle   Dans(Grappin et al., 1983), un spectre en k^{-2} de l'énergie résiduelle est déduit analytiquement par une méthode de cloture. Ici, il peut être très simplement dérivé des équations (6.25) ci-dessus.

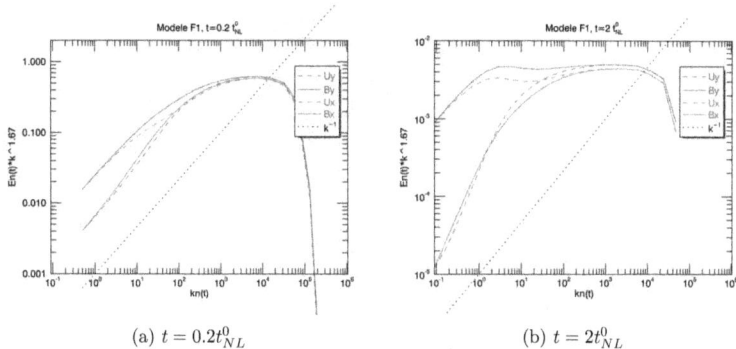

(a) $t = 0.2t_{NL}^0$ (b) $t = 2t_{NL}^0$

FIGURE 6.5 – Modèle F1 : Evolution temporelle des spectres par composantes, terme dynamo non diagonal à la (6.39). (a) $t = 0.01, R = 0.1AU$, (b) $t = 0.1, R = 1AU$. (conditions initiales en k^{-1} isotropes en R= Paramètres du modèle. $N_{shell} = 20, d = 2, t_{NL}^0 = 0.05, \nu = 10^{-6}, B_0 = 0, U_0 = 100, u_0 = 1, \alpha = 0, \beta = 1, \gamma = 1$. où t_{NL}^0 est le temps non-linéaire des plus grandes échelles au temps initial.

Considérons l'équation régissant l'énergie totale. Et considérons la situation stationnaire $\partial_t = 0$.

$$\frac{d(E_T)}{dt} = -\frac{E_T}{\tau_{NL}} - \frac{2(E_{B_x} + E_{U_{y,z}})}{\tau_{exp}} \tag{6.49}$$

On sait qu'en absence d'expansion, un tel transfert d'énergie conduit à un état quasi-stationnaire tel que $E_T(k) \sim k^{-5/3}$ (voir 4.2.1), qui correspond à $u \sim k^{-1/3}$. Si on considère maintenant un état stationnaire pour l'énergie résiduelle, sans prendre en compte les termes d'expansion :

$$\frac{d(E_R)}{dt} = \frac{E_T}{\tau_{NL}} - \frac{E_R}{\tau_A} - \frac{2(E_{B_x} - E_{U_{y,z}})}{\tau_{exp}} \tag{6.50}$$

$$0 = \frac{E_T}{\tau_{NL}} - \frac{E_R}{\tau_A} \tag{6.51}$$

$$E_R \sim k^{-5/3}kk^{-1/3}(kB_0)^{-1} \sim k^{-2} \tag{6.52}$$

Pour reproduire de tels résultats, nous choisissons maintenant le modèle en couches F2 suivant les équations (6.40).

On a intégré les équations du modèle F2, (6.33), (6.34), (6.38), (6.40), dans un cas sans expansion, avec un spectre initial concentré dans les grandes échelles $k < k_3$ et un forçage aux grandes échelles qui fixe un niveau d'énergie constant. Le résultat au temps $t = 10\tau_{NL^0}$ est montré à la figure 6.6. On constate :

1. Un spectre de l'énergie totale en $k^{-5/3}$,

2. Un excès magnétique décroissant avec k qui est dû à la dynamo locale,

3. Un spectre de u et b proches de $k^{-5/3}$,

103

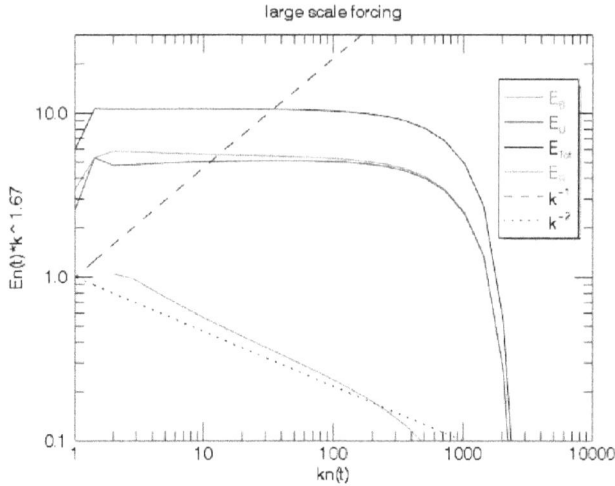

FIGURE 6.6 – Modèle F2 sans expansion : Spectres (compensés par $k^{5/3}$) de l'énergie magnétique, cinétique, totale et résiduelle dans un calcul sans expansion, forcé par des grandes échelles à énergie constante. On observe un spectre total en $E_T \sim k^{-5/3}$ et un spectre résiduel en k^{-2}.

4. Un spectre de l'énergie résiduel à k^{-2}.

On peut voir sur cette simulation sans expansion que l'énergie résiduelle se comporte bien comme prévu et affiche un spectre en k^{-2}.

Maintenant, en ajoutant l'expansion dans ce même modèle F2, nous avons intégré les équations avec les paramètres suivants : $d = 2, N = 24, k_{max}/k_0 = 2^{24} \approx 1.6 \ 10^7, B_x^0 = 2, B_y^0 = 2/5, U_0 = 10, u_{rms} = 1, t_{max} = 2\tau_{NL}^0, R_0 = 0.1A.U., R_{max} = 2.1A.U., \nu = 10^{-7}, \gamma = 1$. Les conditions initiales sont un spectre en k^{-1} avec $u_{rms} = 1$. Il n'y a aucun forçage ni source d'énergie, l'énergie est "en décroissance". Les résultats à un temps court et au temps final sont montrés sur la figure 6.7. On peut observer la progression au cours du temps et de la distance de la zone inertielle en $k^{-5/3}$ sur le spectre fossile introduit dans les conditions initiales en k^{-1}. Nous avons représenté les spectres des énergies cinétique, magnétique, totale et résiduelle. On peut voir que les spectres des trois premières énergies présentent des lois d'échelles en $k^{-5/3}$ et le spectre résiduel présente un spectre en k^{-2}. On constate cependant que cette pente n'est bien visible qu'aux hautes fréquences. Pour expliquer cela, on avance qu'aux plus grandes échelles, c'est la différence entre les niveaux d'énergie imposés par l'expansion qui dicte le niveau de l'énergie résiduelle. Aux plus petites échelles, les effets de l'expansion sont moins visibles au fur et à mesure que le temps d'expansion devient long par rapport au temps non-linéaire. En conséquence, les lois d'échelle dictées par le couple dynamo locale-Alfvén fournissent un spectre résiduel en k^{-2}. Entre les plus grandes échelles soumises à l'expansion et les petites échelles où l'équilibre est donné par le couple dynamo locale-Alfvén, on peut observer une transition douce sur deux ordres de grandeur de nombre d'onde.

Nous avons tracé figure 6.8 les spectres par composante de l'énergie magnétique, ciné-

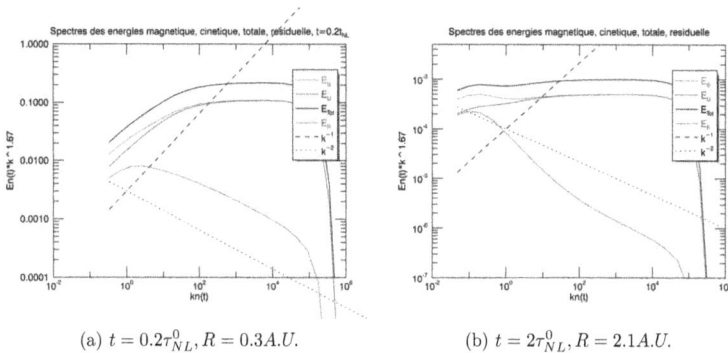

(a) $t = 0.2\tau_{NL}^0, R = 0.3 A.U.$ (b) $t = 2\tau_{NL}^0, R = 2.1 A.U.$

FIGURE 6.7 – Modèle F2 avec expansion : Spectres (compensés par $k^{5/3}$) de l'énergie magnétique, cinétique, totale et résiduelle dans un calcul avec expansion, équivalent au calcul E, avec une expansion $R(t_f) = 10R(t_0)$. A gauche, (a) $t = 0.2\tau_{NL^0}, R = 0.2 A.U.$, on observe une bonne conservation du spectre en k^{-1} jusqu'à $k = 10 \sim 10^2$, à droite (b), à 2 U.A., on voit que le spectre en k^{-1} a presque entièrement disparu au profit du spectre en $k^{-5/3}$. Le spectre résiduel en proche du k^{-2} uniquement dans les plus grandes échelles.

tique, totale et résiduelle issu du modèle F2. Nous avons tracé ces mêmes spectres pour les mêmes composantes (dans les mêmes couleurs) pour les données Wind sur la figure 6.9. Les observations valident ainsi le modèle en couche (classement des composantes, effet Alfvén, pente de l'énergie résiduelle) aux grandes échelles. Comparer les plus grandes échelles ($f < 10^{-5}$) perd son sens car les mesures spatiales capturent alors les structures longitudinales de la surface du soleil, qui présentent un classement des composantes et des amplitudes de fluctuations très différentes de nos conditions initiales. Par exemple, ces grandes échelles sont caractérisées par une amplitude du champ de vitesse radial dominant.

Pour conclure cette étude sur les différents modèles shell, nous avons intégré dans les modèles F1 et F2 les ingrédients des modèles plus simples précédemment développés S, TPW et A. Le choix du terme de dynamo est critique pour la loi d'échelle de l'énergie résiduelle et devra être justifié par une dérivation à partir des équations de la MHD. Cependant, nous avons réussi avec deux méthodes F2 et F3 à reproduire les spectres observés dans les données Wind.

Nous allons maintenant pour considérer l'évolution des orderings des différentes composantes au fur et à mesure de la propagation radiale.

6.5 Evolution des composantes avec la distance dans les données Helios

Bien qu'aux petites échelles, les simulations EBM et les modèles shell F1, F2 et F3 présentent des similitudes satisfaisantes avec les observations, un point diffère fortement entre les simulations et les observations. Il s'agit du rôle de la composante B_y (ou B_n dans les observations). Dans nos simulations, les conditions initiales lui accordent autant d'énergie que les autres composantes. La conséquence est un champ magnétique perpendiculaire B_y dominant toutes les autres composantes sur tout le spectre. Pourquoi n'est-ce pas le cas dans les observations aux grandes échelles ?

105

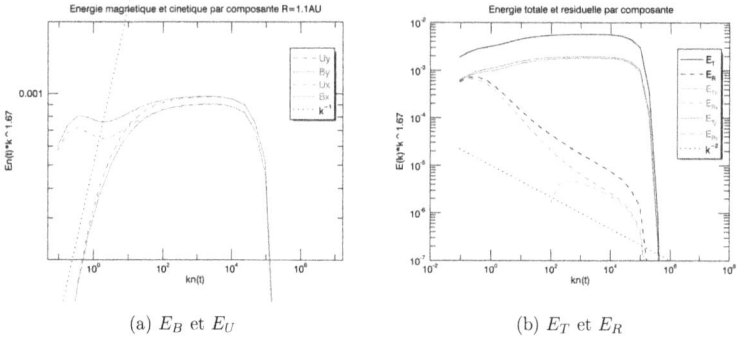

(a) E_B et E_U (b) E_T et E_R

FIGURE 6.8 – Modèle F2 : Spectres par composante (compensés par $k^{5/3}$) dans un calcul avec expansion au rayon $R = 1.1 A.U.$ (avec conditions initiales isotropes à R=0.1). (a) E_B et E_U à gauche, E_T et E_R (b) à droite. On peut voir à gauche les orderings obtenus dans EBM ($B_y > U_x > B_x \approx U_y$ aux grandes échelles et $B_y > U_y > B_x > U_x$ aux petites échelles. On peut également observer à droite les énergies totales en $k^{-5/3}$ et les énergies résiduelles en k^{-2} pour chaque composante. On peut d'ailleurs vérifier que $B_x > U_x$ aux petites échelles.

Nous présentons à la figure 6.11 les spectres moyens recueillis par la sonde Helios lorsqu'elle est proche du Soleil ($0.3 A.U. < R < 0.45 A.U.$) et proche de la Terre ($0.8 A.U. < R < 1 A.U.$). Nous espérons mieux comprendre ce qui peut différer entre l'évolution radiale du vent solaire et l'évolution radiale dans nos simulations. Cela pourrait également être un moyen de remonter à des conditions initiales plus justes pour nos simulations de vent solaire.

On peut voir sur les figures observationnelles proches du Soleil 6.10(a) qu'il y a presque équipartition de l'énergie à $f = 10^{-4} Hz$. On peut alors essayer de comparer les observations et nos simulations à partir de cette fréquence. On constate quelques similitudes :

- En s'éloignant du Soleil, les spectres cinétiques sont fortement amortis sauf la composante U_x.

- En s'éloignant du Soleil, l'amplitude du spectre résiduel augmente fortement, et plus fortement pour les composantes perpendiculaires à la radiale.

- En s'éloignant du Soleil, la zone inertielle a progressé dans les grandes échelles (elle est à peine visible près du soleil, et clairement présente à $R = 1 A.U.$.

- Si on prend en compte les spectres à partir de $f = 10^{-5} Hz$, on peut considérer que le champ magnétique perpendiculaire $B_y = B_n$ est bien dominant.

Par contre, quelques points restent difficiles à obtenir et ne sont pas reproduits pas les simulations :

- Le spectre cinétique en $f^{-3/2}$ n'est jamais observé dans les simulations. Strictement parlant, il est impossible d'avoir les trois spectres E_B, E_U, E_R en lois de puissance. Le domaine d'obtention des lois en puissances pour ces trois spectres reste à étudier.

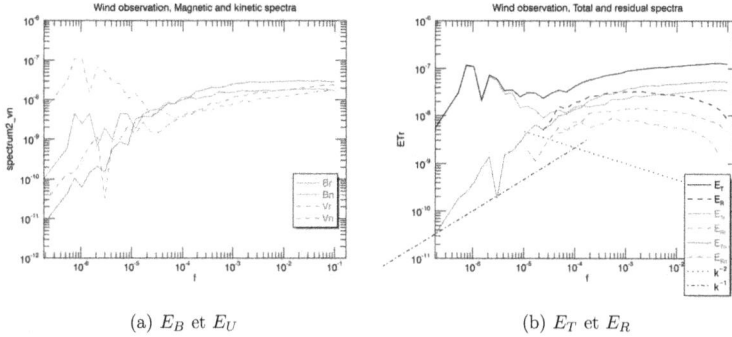

(a) E_B et E_U

(b) E_T et E_R

FIGURE 6.9 – Spectres par composante (compensés par $k^{5/3}$) dans le vent solaire (données Wind). (a) E_B et E_U à gauche, E_T et E_R (b) à droite. A gauche (a), on voit qu'aux grandes échelles, le spectre est dominé par V_r le champ de vitesse radial. Les structures à ces échelles sont la signature des structures longitudinales à la surface du Soleil. Mais aux petites échelles (hautes fréquences), on peut voir que les simulations sont bien en accord avec ces observations. La composante n, (équivalent à y) domine sur la composante radiale r (équivalente à x). E_{Bi} domine et se rapproche de E_{Vi}. A droite (b), on retrouve le spectre en f^{-2} de l'énergie résiduelle et la bonne conservation du spectre en f^{-1} pour la composante n (perpendiculaire à la radiale, équivalent à y). On note également que la composante $n = y$ présente un spectre résiduel positif sur une plus grande gamme de basses fréquences, comme dans les simulations.

- Le spectre de B_r équivalent à B_x ne subit aucune décroissance aux grandes échelles, contrairement à ce que voudrait le comportement linéaire. Peut-être des phénomènes nous échappent-il ici ?

6.6 Quelques mots sur l'amplitude du champ magnétique moyen et anisotropie de polarisation de l'énergie totale

Remarquons que dans les modèles A,F1,F2, la différence entre les amplitudes des énergies totales est expliquée par un amortissement différentiel des composantes E_{Tx} et $E_{Ty,z}$ en plusieurs étapes.

Premièrement, les effets combinés de la dynamo locale et d'Alfvén créent un excès magnétique aux grandes échelles et une tendance à l'équipartition aux petites échelles.

Secondo, en présence d'expansion, il faut ajouter le mécanisme régissant la décroissance linéaire des composantes B_x, U_y, U_z. Ainsi, si on considère maintenant les composantes de l'énergie totale vis à vis de cette décroissance, on trouve que

$$\frac{d(E_{Bx} + E_{Ux})}{dt} = -\frac{E_{Bx} + E_{Ux}}{\tau_{NL}} - \frac{2E_{Bx}}{\tau_{exp}} \tag{6.53}$$

$$\frac{d(E_{By} + E_{Uy})}{dt} = -\frac{E_{By} + E_{Uy}}{\tau_{NL}} - \frac{2E_{Uy}}{\tau_{exp}} \tag{6.54}$$

Or, on constate alors que si l'amortissement dû à l'expansion pour la composante radiale x est donnée par l'amplitude de $E_{Bx} \approx E_{tot,x}$, celle pour la composante y est donnée par

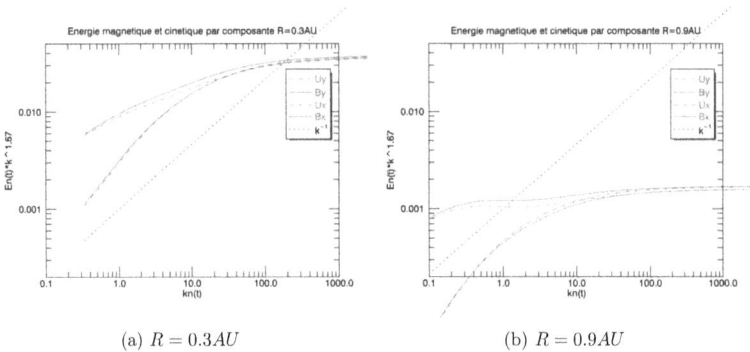

(a) $R = 0.3AU$ (b) $R = 0.9AU$

FIGURE 6.10 – Spectres des composantes des champs magnétiques et cinétiques d'après le modèle shell F2. (a) $R = 0.3AU$, et (b) $R = 1AU$.

$E_{Uy} \ll E_{tot,y}$. Ainsi est créée une différence entre les niveaux d'énergie totale $E_{tot,y} > E_{tot,x}$ comme on peut le voir sur la figure 6.4.

On retrouve ainsi les orderings rencontrés dans nos simulations et dans le vent solaire. Cependant, remarquons que si il y a équipartition entre U_i et B_i, ce dernier mécanisme de déséquilibre d'énergie totale entre les composantes E_{Tx} et E_{Ty} n'a plus lieu. Mais pour cela, il faudrait que tout le spectre soit à l'équipartition, c'est à dire en cas de champ magnétique moyen dominant à toutes les échelles. Il serait intéressant de vérifier sur des mesures de sonde sur des périodes de champ moyen fort, ou qui sort de l'écliptique comme Ulysses, qu'en présence d'un champ moyen permanent et fort devant les fluctuations de champ magnétique, alors l'inégalité de composantes d'énergie totale est réduite.

Ce résultat est vérifiable sur le modèle shell F1 (cf. fig. 6.12). On voit que lorsque le champ magnétique moyen est plus important, l'anisotropie entre les composantes x et y diminue. Il serait intéressant de vérifier ce résultat dans le vent solaire. Un tel effet, bien qu'apparemment lié surtout à l'Alfvénicité du vent, est en fait intrinsèquement un effet dû à l'expansion.

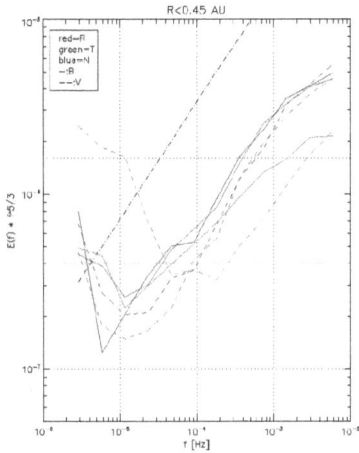
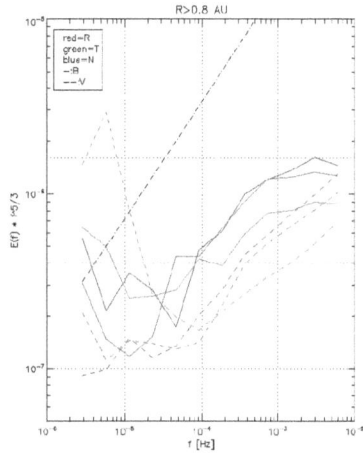

(a) 0.3 *A.U.* < *R* < 0.45 *A.U.* (b) 0.8 *A.U.* < *R* < 1 *A.U.*

FIGURE 6.11 – Spectres des différentes composantes des champs magnétique et cinétique dans deux tranches de distance radiale dans le vent solaire. Données Helios.

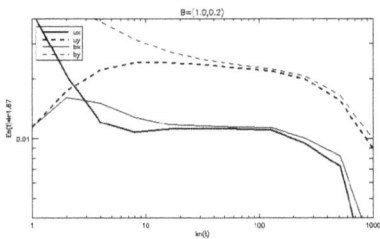
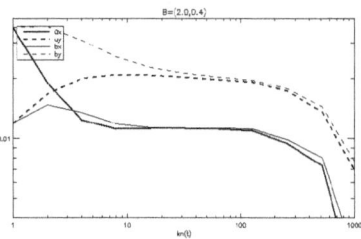

(a) B=1 (b) B=2

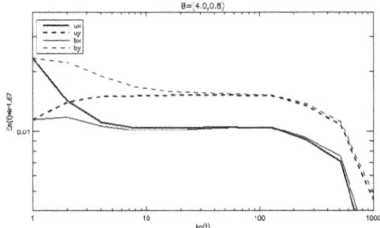
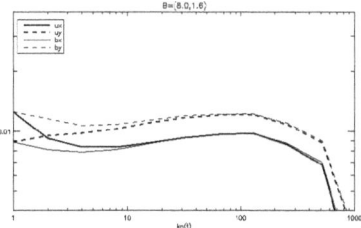

(c) B=4 (d) B=8

FIGURE 6.12 – Inégalité de polarization de l'énergie totale et importance du champ moyen.

Troisième partie

Turbulence, confinement et transport dans les Tokamaks

Turbulence dans les tokamaks

Sommaire

Ce chapitre s'insère dans le cadre de l'étude des mécanismes de transfert radiaux d'énergie dans les tokamaks. Pour cela, on choisit de s'intéresser à la question du transfert radial de l'énergie en présence d'un champ magnétique cisaillé. Comment l'énergie concentrée sur des modes résonants spectralement et radialement localisés se transporte-t-elle ?

La première section 7.1 présente le contexte du cisaillement magnétique, des modes résonants et de leurs conséquences sur la turbulence dans les tokamaks. On verra que le cisaillement magnétique inhérent à la géométrie du tokamak impose aux fluctuations de se manifester presque exclusivement sur quelques modes dits résonants. Ces modes dépendent de la géométrie magnétique à chaque rayon considéré. Ils sont alors une limite au développement de fluctuations et à leur transfert radial.

Puis la seconde section 7.2 présentera le diagnostic numérique, la méthode de prise de données et les différents outils de mesure de transferts spectraux et radiaux. L'idée est de diagnostiquer avec un nouvel outil spectral en (θ, φ), mais dans l'espace réel en r les transferts d'énergie au sein du plasma, pour comprendre comment les modes (m, n) relativement isolés sont capables de transférer de l'énergie à d'autres modes à d'autres rayons. Nous nous intéresserons aux mécanismes physiques utilisés pour transférer de l'énergie, et en particulier au rôle du couplage toroïdal. Une analogie possible entre ces transferts et ceux rencontrés dans le vent solaire est de considérer les couplages toroïdaux comme un couplage linéaire dans la direction $k_\parallel$ entre modes proches. Ces couplages ont tendance à briser un équilibre qui ressemble à la balance critique, en ce point qu'elle concentre l'énergie sur un cône étroit autour de l'axe $k_\perp$. Par ailleurs, au cours de la propagation radiale, la direction de cet axe $k_\perp$ tourne avec le cisaillement magnétique, ce qui à nouveau, n'est pas sans analogie avec l'expansion du vent solaire et la spirale de Parker. J'ai regardé, dans ce cadre, dans quelle mesure le couplage toroïdal initie, accompagne ou contredit cette propagation radiale du spectre.

Nous nous intéresserons dans la section 7.4 à la propagation des avalanches, structures intermittentes à longue protée radiale qui sont à l'origine d'importantes pertes de confinement. Nous verrons plusieurs régimes possibles de propagation de ces avalanches et étudierons les liens entre ces avalanches et les staircases, corrugations ou structures radiales marquées par un cisaillement de vitesse poloïdale qui déchire les structures turbulentes.

Enfin, nous présenterons un petit modèle phénoménologique qui essaie de reproduire les mécanismes observés dans les avalanches. Et proposons quelques objets de futurs recherches pour poursuivre ce sujet.

7.1 De la turbulence dans Gysela

La turbulence que l'on étudiera dans ce chapitre est la turbulence du champ électrique et de la fonction de distribution. Le champ électrique influence les vitesses de dérive des particules via la dérive $E \times B$. On voit sur la figure 7.1 deux exemples de champ de potentiel électrique. On voit sur la figure de gauche une vue 3D du potentiel électrique dans le tore du tokamak. On constate que le potentiel est quasiment constant le long des lignes de champ magnétique mais est très turbulent perpendiculairement au champ magnétique. Dans la figure de droite, une coupe poloïdale du tokamak est montrée. Ces deux figures sont tirées de simulations différentes mais représentent la même quantité ϕ. Nous rappelons que le trou au centre est un artefact numérique car la région r proche de zéro n'est pas simulée. Ce n'est pas essentiel car le coeur du plasma est expérimentalement plus stable, du point de vue de la turbulence électrostatique.

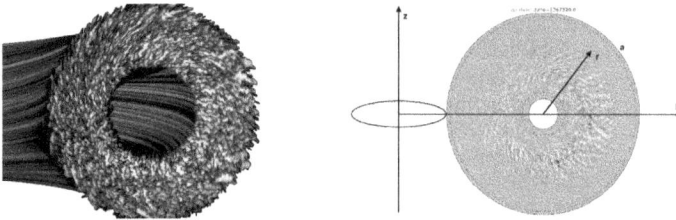

FIGURE 7.1 – Visualisation 3D (à gauche) et coupe poloïdale (à droite) de fluctuations du potentiel électrique $\phi - <\phi>_{FS}$. source à gauche : A. Strugarek

On peut voir sur ces figures qu'à chaque rayon, les fluctuations de potentiel électrique présentent une certaine périodicité poloïdale et que cette périodicité varie avec le rayon. Ce phénomène que l'on a déjà évoqué en introduction est dû au cisaillement magnétique. Sur ces deux figures à deux rayons différents du spectre de l'énergie potentielle électrique, on voit que les modes excités sont différents.

La question que l'on se pose est alors de savoir comment l'énergie passe de (m, n, r), un mode à un rayon donné à un autre mode au rayon voisin (m', n', r').

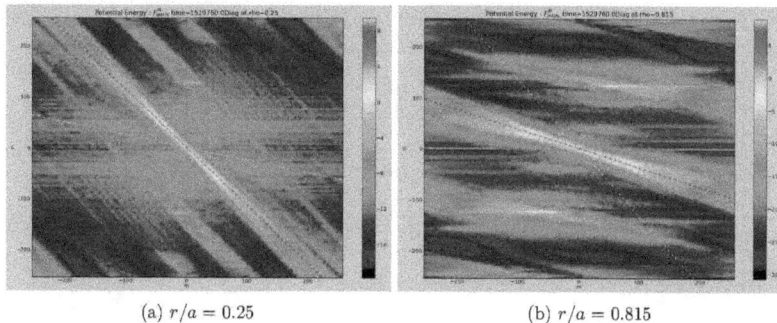

(a) $r/a = 0.25$ (b) $r/a = 0.815$

FIGURE 7.2 – Spectres de l'énergie potentielle électrique $\phi_{m,n}(r)$ pour $r/a = 0.25$ et $r/a = 0.81$. On constate que la pente de la droite $m + nq = 0$ varie puisque q est fonction de r. En conséquence, les modes résonants excités varient.

Un outil entièrement spectral a été étudié par Nakata et al. (2012) pour suivre les transferts spectraux entre turbulence et zonal flow dans le cadre d'une simulation locale et forcée par le gradient. Nous voulons faire cette étude dans le cadre auto-consistant d'une simulation globale forcée par le flux qu'est GYSELA .

7.2 Des mécanismes de propagation de l'énergie dans un plasma de tokamak

Pour comprendre au mieux la turbulence d'origine ITG, les couplages toroïdaux (couplages entre m voisins), et le rôle des modes résonants / non-résonants, le point de vue pertinent est de travailler dans l'espace de Fourier en (θ, φ). Mais pour la meilleure compréhension des objet localisés radialement comme les avalanches et les staircases (Dif-Pradalier et al., 2010), on choisit de rester dans l'espace réel en rayon. Par ailleurs, GYSELA étant un code global, la direction radiale est fortement inhomogène et en prendre une partie pour en faire une étude spectrale n'est pas adapté.

Pour cela, un diagnostic a été implémenté dans le code par Antoine Strugarek lors de sa thèse, que j'ai repris et exploité. Il s'agit d'un suivi semi-spectral (m, n, r) d'une forme d'entropie de la fonction de distribution qui permet de comprendre par quels mécanismes et à quelles occasions on observe des transferts spectraux entre modes et rayons.

7.2.1 Description du diagnostic

Les équations de suivi des transferts spectraux se dérivent à partir de l'équation de Vlasov gyrocinétique 3.8 à laquelle on fait subir une transformée de Fourier dans les directions (θ, φ).

$$A(r, \theta, \phi) = \sum_{m,n} A_{m,n}(r) \, e^{i(m\theta + n\phi)} \tag{7.1}$$

La quantité que l'on souhaite suivre est l'entropie. La forme originelle de l'entropie est $\int f \ln f d^3v$. On choisit ici une forme d'entropie qui s'écrira $S_{m,n} = \int \mathcal{J}_0 |f_{m,n}|^2 d^3v$. Il s'agit d'une forme définie positive conservée par l'équation de Vlasov. Le diagnostic va donc suivre les transferts de cette quantité dans l'espace (m, n, r). Les collisions ne seront pas prises en compte et le champ magnétique sera approché par :

$$B = \frac{B_0 R_0 b_0}{R} \approx \frac{B_0 b_0}{R_0}(R_0 - r\cos\theta) \qquad \text{avec} \quad b_0 = \sqrt{1 + \frac{r^2}{q^2 R_0^2}} \qquad (7.2)$$

On cherche ainsi à observer les différents termes dans l'équations de :

$$\partial_t \int | f_{m,n}(r,t) |^2 J_0 d^2 v = \int 2\Re(f_{m,n}(r,t)^* \partial_t f_{m,n}(r,t)) J_0 d^2 v \qquad (7.3)$$

Il faut alors développer les différents termes de :

$$\partial_t \int |f_{m,n}|^2 J_0 d^2 v +$$
$$\int 2\Re\Big(((\mathbf{v}_E + \mathbf{v}_g + \mathbf{v}_{\mathbf{G}\parallel}) \cdot \boldsymbol{\nabla} f)_{m,n} f_{m,n}^* + (\dot{v}_{G\parallel}\partial_{v_{G\parallel}} f)_{m,n} f_{m,n}^*\Big) J_0 d^2 v = 0 \qquad (7.4)$$

La dérive $E \times B$ s'écrit alors :

$$(\mathbf{v}_E.\boldsymbol{\nabla} f)_{m,n} = \frac{i}{B_0 b_0^2 r} \sum_{m',n'} (m - m')\partial_r \phi_{m',n'} f_{m-m',n-n'} - m' \phi_{m',n'}\partial_r f_{m-m',n-n'}$$
$$+ \frac{i}{2B_0 b_0^2 R_0} \sum_{m',n'} (m - m')\Big(\partial_r(\phi_{m'+1,n'} + \phi_{m'-1,n'}) f_{m-m',n-n'} \qquad (7.5)$$
$$- \big((m' + 1)\phi_{m'+1,n'} + (m' - 1)\phi_{m'-1,n'}\big)\partial_r f_{m-m',n-n'}\Big)$$

La dérive de courbure :

$$(\mathbf{v}_g.\boldsymbol{\nabla} f)_{m,n} = -\frac{iv_g}{2}\left[\frac{1}{r}\Big((m - 1)f_{m-1,n} + (m + 1)f_{m+1,n}\Big) + \partial_r\Big(f_{m+1,n} - f_{m-1,n}\Big)\right] \qquad (7.6)$$

La dérive parallèle :

$$(\mathbf{v}_{\mathbf{G}\parallel}.\boldsymbol{\nabla} f)_{m,n} = \frac{iv_{G\parallel}}{R_0 B_0}\left(n + \frac{m}{q}\right) f_{m,n} \qquad (7.7)$$

Remarquons que la contribution de la dérive parallèle à l'entropie est nulle puisque $(\mathbf{v}_{\mathbf{G}\parallel}.\boldsymbol{\nabla} f)_{m,n} f_{m,n}^*$ sera imaginaire pur. La contribution de $\dot{v}_{G\parallel}$:

$$-\left(\frac{e}{M}\nabla_\parallel\phi\partial_{v_{G\parallel}} f\right)_{m,n} = -\frac{ei}{MR_0 b_0}\sum_{m',n'}\left(n' + \frac{m'}{q}\right)\phi_{m',n'}\partial_{v_{G\parallel}} f_{m-m',n-n'} \qquad (7.8)$$

$$-\left(\frac{\mu}{M}\nabla_\parallel B\partial_{v_{G\parallel}} f\right)_{m,n} = \frac{i\mu B_0}{2MR_0^2}\frac{r}{q}\partial_{v_{G\parallel}}(f_{m-1,n} - f_{m+1,n}) \qquad (7.9)$$

$$\left(\frac{v_{G\parallel}}{B}(\mathbf{v}_E \cdot \boldsymbol{\nabla} B)\partial_{v_{G\parallel}} f\right) = \sum_{m',n'}\left(\frac{\mathbf{v}_E.\boldsymbol{\nabla} B}{B}\right)_{m',n'} v_{G\parallel}\partial_{v_{G\parallel}} f_{m-m',n-n'} \qquad (7.10)$$

avec :

$$\left(\frac{\mathbf{v}_E.\boldsymbol{\nabla} B}{B}\right)_{m',n'} = \frac{i}{2R_0 B_0 b_0^2}[\partial_r\left(\phi_{m'+1,n'} - \phi_{m'-1,n'}\right) +$$
$$\frac{1}{r}\left((m' + 1)\phi_{m'+1,n'} - (m' - 1)\phi_{m'-1,n'}\right)] \qquad (7.11)$$

Le but du diagnostic est de distinguer les différents mécanismes de transferts et les sources des transferts pour tout mode (m, n, r). Les termes de courbure (7.6) sont linéaires, en ce sens qu'ils ne font intervenir que l'énergie du mode voisin dans un transfert direct,

116

sans troisième mode. Les termes $E \times B$ (7.5) présentent quant à eux une non-linéarité. Le transfert vers $f_{m,n}$ prend en compte une multiplication du terme $f_{m',n'}$ et du terme $f_{m-m',n-n'}$. Les autres termes sont plutôt minoritaires, mais on constate tout de même que (7.9) est linéaire et les autres (7.8, (7.10)) présentent également une non-linéarité.

On s'intéressera tout particulièrement aux transferts non-linéaires contenants :

1. le terme $\phi_{(m,n)=(0,0)}$ correspondant aux écoulement zonaux,

2. le terme $f_{(m,n)=(0,0)}$ (qui est donc une moyenne sur la surface de flux) correspondant non pas à des fluctuations mais au profil radial. Il s'agit donc du terme qui fournit de l'excitation linéaire de l'instabilité ITG due à un gradient de température.

3. Parmi les autres modes des transferts non-linéaires, on distinguera les transferts faisant intervenir les modes résonants, c'est à dire à $k_\parallel \approx 0$ à ce rayon et les modes non-résonants.

Le détail des équations du diagnostic figurent en annexe C.

Nous avons choisi de séparer les termes de transferts en fonction de leur origine pour regrouper les termes de la manière suivante :

$$\partial_t S_0 = L^0 + C^0 + Z^0 + G^0 + \sum_k T_k^0 \tag{7.12}$$

$$\partial_t S_k = L^k + C_{-1}^k + C_{+1}^k + Z^k + G^k + \sum_{p+q=k} T_{p,q}^k \tag{7.13}$$

où les indices ou exposants "0" et "k" font référence respectivement aux modes $(m,n) = (0,0)$ et $(m,n) \neq 0$. Par extension, l'indice ± 1 désigne le mode k modifié : $(m \pm 1, n)$. On y voit respectivement les termes :

- L d'excitation linéaire, qui apporte de l'énergie du mode $f_{0,0}$ due à un gradient de température.

- C_{-1} et C_{+1} de courbure, dus à la courbure du champ magnétique, on appelle aussi ce terme le terme de couplage toroïdal. Notons que l'on a séparé entre les termes venant de $k-1 \equiv (m-1,n)$ et de $k+1 \equiv (m+1,n)$. On peut remarquer que, pour un profil monotone du facteur de sécurité q comme représenté sur la figure 7.3, le mode $(m+1,n)$ (resp. $(m-1,n)$) est résonant à droite (resp. à gauche) du mode (m,n). Ainsi, ces transferts spectraux en m sont susceptibles de générer du transport radial. Nous reviendrons sur ce point par la suite.

- Z zonaux, qui font intervenir les écoulement zonaux,

- G GAM, qui font intervenir l'énergie des modes géodésiques acoustiques (GAM), des modes $\phi_{\pm l,0}$ avec une énergie principalement concentrée dans $l = 1$ mais aussi d'autres l,

- $T_{p,q}^k$ et non-linéaires, qui contient tous les transferts qui vont intervenir une triade de nombre d'ondes via ϕ_p, f_q. Cette partie est dominée par les transferts d'origine $E \times B$ mais les autres termes sont tout de même pris en compte.

Il est impossible de sauvegarder l'ensemble de ces transferts. Il faut alors choisir un nombre réduit de modes et de rayons pour lesquels on va suivre tous les transferts décrits précédemment. Par exemple, sur la simulation décrite en introduction, nous avons choisi de sélectionner 6 rayons et 10 modes pour étudier leur évolution en détail. Cela permet notamment d'avoir pour chaque rayon des modes résonants et des modes non-résonants. En fonction du rayon et de sa résonance, le mode sera alors tour à tour excité par les ITG et source d'énergie pour les autres modes ou plutôt amorti par amortissement Landau et receptacle d'énergie venu de modes plus résonants. On peut voir sur la figure 7.3 un résumé des diagnostics demandés pour une simulation. On a représenté le profil radial du facteur de sécurité $q(r)$, les rayons r et les modes (m, n) sur l'on souhaite étudier en particulier et dont on suivra les termes suivants.

$$(S_{m,n}(r,t), L_{m,n}(r,t), C_{\pm1,m,n}(r,t), Z_{m,n}(r,t), G_{m,n}(r,t), T_{p,q}^{(m,n)}(r,t))$$

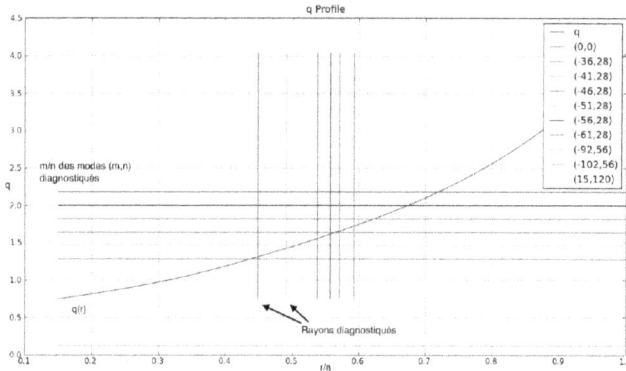

FIGURE 7.3 – Profil du facteur de sécurité $q(r)$ pour une simulation $\rho_\star = 1/300$. On représente en fonction du rayon normalisé r/a le facteur de sécurité correspondant. Les lignes horizontales figurent le rapport $\frac{-m}{n}$ des modes étudiés, et les lignes verticales les rayons demandés. Le mode $(-36, 28)$ est résonant en $\rho = 0.44$, les modes $(-41, 28)$ et $(-46, 28)$ en $\rho = 0.53..0.55$, les modes $(-46, 28)$, $(-51, 28)$ et $(-102, 56)$ sont résonants en $\rho = 0.59$. Bien entendu, d'autres modes peuvent être plus résonants aux rayons cités. Remarquons que ces modes sont dans le "coeur" spectral de la turbulence, en ce sens que leur amplitude est proche du maximum du spectre turbulent à la position considérée.

7.2.2 De la propagation radiale sous-jacente

Au vu de ces mesures, différentes constatations peuvent être faites vis-à-vis du transport radial :

- Le transport radial direct de m, n, r à m, n, r' n'existe pas. Parmi les termes linéaires, il est analytiquement absent. Le terme $E \times B$ ne permet pas non plus de relier ces termes, à moins de faire appel aux termes plus petits, en r/R_0, via la courbure du champ magnétique. (voir annexe C.) Quantitativement, ces termes sont négligeables dans le cadre des simulations que nous avons considérées. Mais il est à remarquer que le rôle des GAMs semble important dans ces transports radiaux directs. Il serait intéressant de vérifier cet effet, par exemple en amplifiant les GAMs par instabilité Landau comme il a été fait dans les travaux de Zarzoso (2012); Zarzoso et al. (2013).

- Le transport radial peut alors prendre deux méthodes complémentaires. D'une part le mécanisme communément admis des avalanches (Sarazin and Ghendrih, 1998; Garbet et al., 2002; Sarazin et al., 2010) peut être décrit ainsi : Au premier temps, à un rayon r_0, le profil de température se pique, provoquant dépassement du seuil de l'instabilité ITG. Les modes résonants sont excités et provoquent un excès de turbulence à ce rayon. Cette turbulence à son tour aplanit le profil de température. Mais cet aplanissement se fait au profit des rayons voisins r_+ et r_- qui voient alors leur gradient de température se piquer à leur tour, et provoque un nouveau cycle. Ce phénomène est propagatif et permet d'expliquer les avalanches observées.

- Un second mécanisme jusque là relativement peu étudié est le transfert radial sur des modes voisins par les termes de courbure (7.6). Ces termes contiennent des termes $\partial_t f_{m,n} = A f_{m\pm 1,n}$ qui permettraient de transférer de l'énergie entre ces modes.

7.3 Les différents mécanismes de transferts spectraux

7.3.1 Régime non turbulent

Au départ d'une simulation, lorsque les profils de pression et température sont encore en train de se construire, l'excitation linéaire si elle est là a pour rôle de répartir l'énergie sur des modes autour de la résonance. Le transport turbulent est encore négligeable par rapport à l'énergie consacrée à la construction du profil. L'équation de conservation de l'énergie à un rayon donné va partager l'énergie donnée, par exemple par excitation linéaire, entre construction du profil et transport radial.

Sans beaucoup de transport turbulent, les transferts se limitent au même rayon, à élargir la gamme des (m, n) excités. Dans cette situation, les mécanismes en jeu sont simples. Les modes linéairement excités sont situés très près du m résonant $m_{res} = -nq(r)$ pour un n donné. Les termes de courbure transfèrent cette énergie vers les modes voisins $(m \pm \Delta m, n)$ moins résonants.

Sur la figure 7.4, nous avons figuré la répartition des transferts positifs et négatifs pour les modes $m, n = 8$ diagnostiqués dans la simulation, sous la forme "d'histogrammes empilés". La partie à ordonnée positive et la partie à ordonnée négative sont en fait deux parties différentes. Dans l'exemple considéré, on se place à un rayon fixé, $r/a = 0.49$, et on considère les termes de l'équation (7.13). En abscisse, on a fait figurer la proximité à la résonance du mode : $k_\parallel = m + nq$. Ce $k_\parallel$ fournit également une position radiale. En effet, les modes à $k_\parallel < 0$ (resp > 0) seront résonants radialement à droite (resp. à gauche) du mode (m_{res}, n). Ensuite, on a colorié dans une couleur qui correspond au mécanisme de transfert (linéaire, de courbure, etc) une surface proportionnelle à l'amplitude de ce transfert.

Par exemple, considérons le mode $(-12, 8)$, il est indiqué en haut des courbes. Les transferts de ce mode sont représentés sur l'axe vertical d'abscisse $m + nq = -1.7$ car $-12 + 8q(r = 0.49) = -1.7$. Considérons tout d'abord la partie des surfaces coloriées au dessus de l'axe $y = 0$ uniquement. On peut alors voir que la plupart des régions sont coloriées en orange ou en rouge. Cela signifie (pour la partie supérieure à l'axe des abscisse), que les transferts positifs sont principalement portés par les transferts oranges (Courbure d'origine $(m + 1, n) = (-11, 8)$) et plus minoritairement rouge (Excitation linéaire). Par contre, l'importance du transfert violet (à nouveau, on ne considère pour l'instant que ce qui est au dessus de l'axe $y = 0$) est tout à fait négligeable car il y a peu de surface coloriée de cette couleur, donc le terme de Courbure d'origine $(m-1, n)$ dans l'apport d'énergie est nul. Donc pour être clair, ce n'est pas l'ordonnée absolue de la courbe qui compte, mais la surface coloriée à une abscisse donnée. Maintenant, considérons les surfaces coloriées sous l'axe $y = 0$ uniquement. Ce sont là les pertes d'énergie pour le mode considéré. Le même mode $(-12, 8)$ est presque entièrement rempli *sous l'axe $y = 0$* par le violet du terme de courbure $(m - 1, n)$. Cela signifie que la première source de perte de pompage d'énergie du mode $(-12, 8)$ est le mode voisin $(-13, 8)$ par le mécanisme de la courbure (ou encore appelé couplage toroïdal). Le second terme de perte d'énergie est l'ensemble des couplages non-linéaires résonants. Des modes résonants pompent donc une partie de l'énergie du mode $(-12, 8)$ via les termes non-linéaires. Le dernier mode de transfert dans la légende, "unexplained" fait référence à la différence entre la somme des termes diagnostiqués dans l'équation d'évolution de l'entropie (7.13) et l'évolution temporelle réelle observée par dérivée temporelle au cours de la simulation. Plusieurs hypothèses ont été étudiées pour retrouver l'origine de cette différence, qui est d'autant plus importante sur les modes non-résonants. Mais aucune piste concluante n'a été trouvée pour l'instant.

Si maintenant, on regarde d'autres modes, en se déplaçant sur l'axe des abscisses, on pourra observer la répartition des termes de transferts en fonction de la résonance du mode. Au pic de résonance, vers $k_\parallel = m + nq = 0$, on voit que la source principale d'énergie est l'excitation linéaire liée à l'ITG. En se déplaçant vers la gauche de ce pic, c'est à dire pour $k_\parallel < 0$, la source d'énergie issue de l'excitation linéaire est progressivement remplacée par le terme de courbure d'origine $m + 1, n$, c'est-à-dire le mode voisin plus proche de la résonance. Et le puits d'énergie principal est le terme de courbure vers $m - 1, n$, c'est-à-dire le mode voisin plus éloigné de la résonance. Et inversement à droite du mode le plus résonant. On constate également que la somme des transferts diminue avec l'éloignement de la résonance (on peut voir que l'enveloppe s'approche de 0 en s'éloignant de $k_\parallel$). Cela est en adéquation avec la représentation de ballonnement (Garbet, 2002). L'idée de la représentation de ballonnement est une méthode analytique qui montre qu'en raison du cisaillement magnétique, les modes propres du système ne sont pas les modes de Fourier, mais une certaine enveloppe de modes autour du mode résonant. C'est cette enveloppe que l'on voit sur les spectres (m, n). Par ailleurs, r est une variable duale de m dans la représentation de ballonnement. En rayon comme en m, le mode propre qui satisfait le cisaillement magnétique est une enveloppe de rayons. Donc chaque mode propre ne sera localisé ni en rayon, ni en m, (comme les modes propres de la MHD sont les variables d'Elsässer), et le terme de courbure joue le rôle d'un transfert Alfvénique qui relaxe les énergies des différents modes de Fourier vers le mode de ballonnement.

7.3.2 Flux d'entropie par le terme de courbure

Définissons un terme de flux d'entropie avec le terme de courbure, qui représente l'entropie qui transite par le mode k.

$$\Gamma_k^{Curv} \equiv C_{-1}^k - C_{+1}^k \tag{7.14}$$

On peut donner approximativement une équation de conservation :

$$\partial_t S_k + \nabla_k . \Gamma_k^{Curv} = \text{Source} + \text{Dissipation} \tag{7.15}$$

Cette équation n'est cependant pas exacte car des termes de transferts radiaux sont présents dans les $C_{\pm 1}^k$.

Γ_k^{Curv} est le flux d'entropie transféré par le mode k aux modes à m plus élevés. Dans le cas simple du transfert vu à la figure 7.4, Γ_k^{Curv} est simplement le flux d'entropie s'éloignant des modes résonants. On a figuré ce flux sur la figure 7.5.

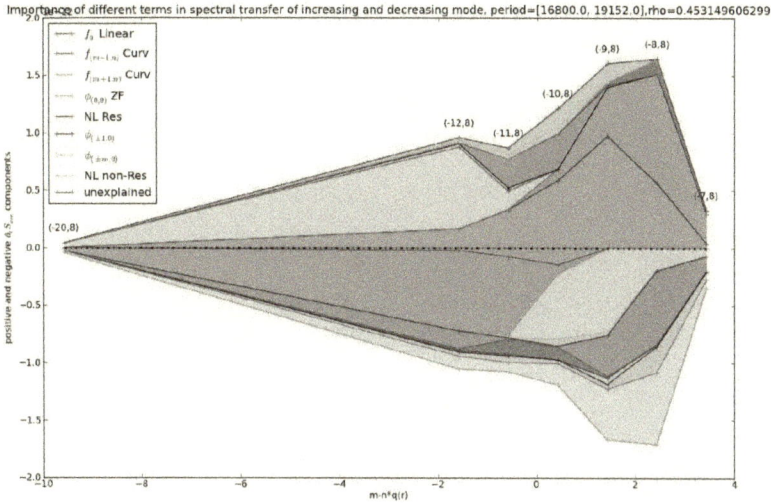

FIGURE 7.4 – Moyenne temporelle des transferts spectraux pour le mode $(m, n = 8)$ au rayon $r/a = 0.49$, en fonction du sens du transfert et de la résonance du mode $m + nq$. Les surface au dessus de $y = 0$ représentent les transferts positifs (ou les sources d'entropie) et les surfaces au dessous des $y = 0$ les transferts négatifs (ou les puits d'énergie) (voir texte). On peut voir une source d'énergie issue d'une excitation linéaire (sans doute des ITG) autour des modes les plus résonants, qui est répartie sur les modes environnants via le terme de courbure (ou couplage toroïdal).

Si on essaie de développer une expression analytique de Γ_k^{Curv}, on obtient :

$$\begin{aligned}
\Gamma_k^{Curv} &= \Re \int -\frac{iv_g}{2} \left[\frac{1}{r}(k+1)f_{k+1} + \partial_r f_{k+1} - \frac{1}{r}(k-1)f_{k-1} + \partial_r f_{k-1} \right] f_k^* \\
\Gamma_k^{Curv} &= \Re \int -\frac{iv_g}{2} \left[\frac{1}{r}[k(f_{k+1} - f_{k-1}) + f_{k+1} + f_{k-1}] + \partial_r(f_{k+1} + f_{k-1}) \right] f_k^* \\
\lim_{k \gg 1} \Gamma_k^{Curv} &= \Re \int -iv_g \left[\frac{1}{r}\frac{\partial}{\partial k} k f_k + 2\partial_r f_k \right] f_k^*
\end{aligned} \tag{7.16}$$

On constate que le signe du terme de flux de courbure est donné par le déphasage entre f_k et f_{k+1}. Idomura et al. (2009) ont montré que ce terme était relié à la valeur du cisaillement $E \times B$. On constatera également que ce terme s'accompagne d'un élément de transfert radial direct $\partial_r f_k$.

7.3.3 Distinction entre domaines de staircase et domaines d'avalanches

On observe dans les simulations plus turbulentes, avec des staircases établis, que le comportement du flux de courbure varie avec le cisaillement $E \times B$. Notamment, une application importante de ce phénomène est le comportement opposé du cisaillement $E \times B$ aux rayons de staircases ou aux rayons d'avalanches.

Nous avons vu sur la figure 3.4 que les staircase d'accompagnaient d'une forte variation de cisaillement $E \times B$. Le cisaillement de vitesse en soi est un mécanisme possible pouvant conduire à une barrière de transport dans la mesure où il découpe les grandes structures turbulentes en plus petites, réduisant d'autant le parcours moyen des particules dans ces

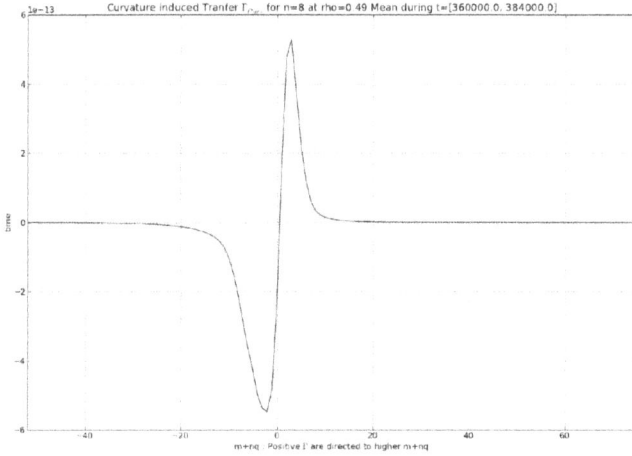

FIGURE 7.5 – Moyenne temporelle du flux Γ_k^{Curv} en fonction de $k_\parallel = m + nq$, le mode le plus résonant est aux alentours de $k_\parallel = 0$. Pour la convention utilisée pour (m, n), le m des modes résonants est décroissant avec le rayon.

structures. Strugarek et al. (2013) a ainsi montré la génération et la relaxation de barrières de transport interne dues à une source de vorticité.

Cependant, on ne comprend pas bien le rôle d'un gradient de vorticité dans la création des corrugations de staircase, qui sont également source de barrière de transport.

En présence de turbulence développée et de staircase, les valeurs des flux de courbure Γ^{Curv} sont très différents aux rayons avec staircase et aux rayons avec avalanches. Pour résumer, aux domaines radiaux parcourus par des avalanches, le terme de courbure accompagne le transfert radial de l'entropie en transmettant les fluctuations des m résonants aux rayons internes vers les m résonants aus rayons externes. En conséquence, le couplage toroïdal favorise le transport de l'entropie en faisant en sorte que l'entropie soit sur le mode résonant.

Aux rayons marqués par des staircase, au contraire, il semblerait que le terme de courbure ait tendance à concentrer l'énergie sur les modes résonants, empêchant par là-même un transfert efficace vers les rayons plus grands.

On peut retrouver ces effets sur les figures 7.7c, 7.7a, 7.7b, 7.7d, qui montrent des rayons différents et des comportements du flux de courbure corrélées avec le gradient de shearing $E \times B$. Rappelons que sans turbulence, ces figures ressemblent à 7.6.

On trouve ici une corrélation entre le gradient de cisaillement $E \times B$ et la direction de transfert toroïdal. Mais il est difficile de conclure en raison de la faiblesse statistique du résultat. Il serait bénéfique de réaliser davantage de mesures pour confirmer ou préciser le résultat observé.

Pour essayer de comprendre les mécanismes mis en jeu sans avoir à consommer autant d'heures de calcul, un modèle 2D des mécanismes mis en jeu dans les avalanches a été écrit.

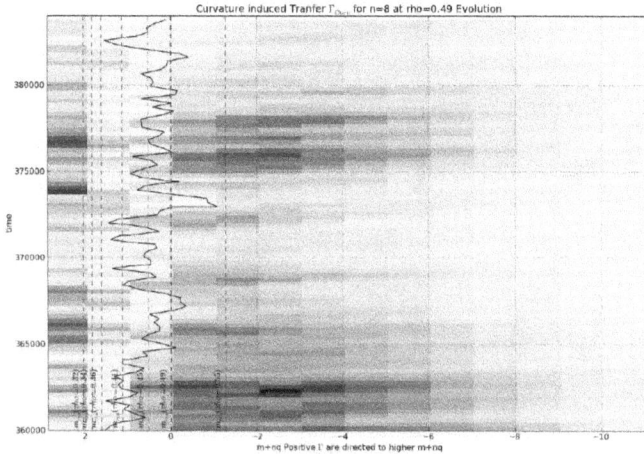

FIGURE 7.6 – Evolution temporelle Γ_k^{Curv} en fonction de $k_\parallel q = m+nq$. Les modes résonants équivalents m_{res} à d'autres rayons sont indiqués par les lignes pointillées. En effet, à cause du cisaillement magnétique, q varie, à d'autres rayons, le m_{res} varie d'autant.

7.4 Un modèle réduit pour le transport radial

7.4.1 Un ou deux régimes d'avalanches ?

Deux mécanismes distincts semblent se produire au cours d'une avalanche. Dans un premier cas, un mécanisme de domino fait se succéder instabilité, turbulence, aplanissement local de la température et nouvelle instabilité au rayon voisin. Dans le second cas, le couplage toroïdal accompagne la turbulence et permet une propagation radiale plus simple de l'entropie.

Lorsque nous suivons une avalanche le long de sa trajectoire en rayon et en temps, puis collectons à chaque rayon et chaque instant l'énergie potentielle électrique, nous pouvons regarder la répartition de cette énergie sur les modes (m, n). Nous pouvons voir deux cas de figure distincts.

Sur la figure 7.8, l'avalanche semble sélectionner pour chaque nouveau domaine de rayon un mode plus apte à exciter la turbulence, avec un couple (m, n) capable de donner le mode le plus résonant. Cela semble plus compatible avec des mécanismes successifs de gradient, instabilité, turbulence, etc.

Sur la figure 7.9, en revanche, on voit que l'avalanche semble suivre la seconde hypothèse de transfert spectral à base de couplage toroïdal continu, n est constant au cours de l'avalanche.

La différence entre ces deux avalanches est dans l'intensité de l'énergie mise en jeu comme le montre la figure 7.10. Dans le premier cas, la plasma est au bord du seuil d'instabilité ITG, et à chaque pas, il redéveloppe une instabilité grace à un gradient piqué de température comme le montre le chapelet de maxima locaux de gradient de température

123

(a) Staircase.

(b) Shearing rate qui change.

(c) Domaine à avalanche.

(d) Domaine à avalanche inverse ?

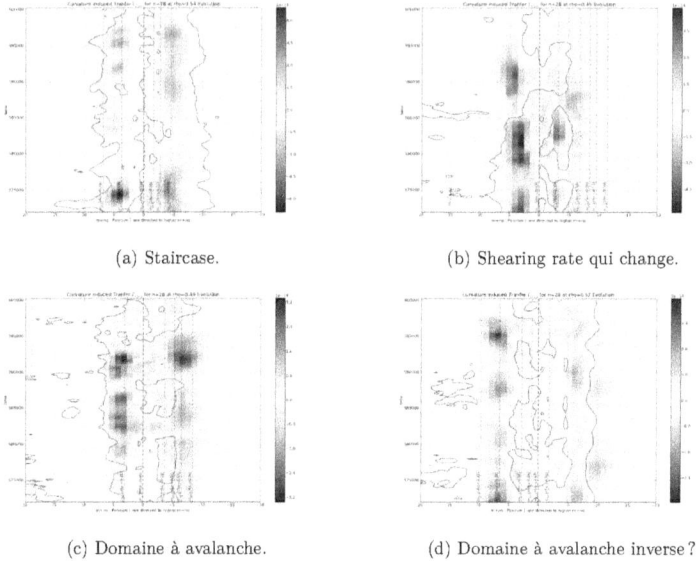

FIGURE 7.7 – Evolution temporelle de $\Gamma^{Curv}(m, n)$ pour $n = 28$, en fonction de la résonance. Le flux est positif pour un transfert d'énergie dans les m positifs. On a montré sur les figures différents rayons où ont lieu des staircase ou des avalanches. On remarque que l'amplitude du flux de chaleur turbulent qui marque les avalanches est corrélé à l'amplitude du flux $\Gamma^{Curv}(m, n)$ lorsque l'avalanche passe. Attention, sur cette figure, on a représenté l'axe $k_\parallel$ à l'envers pour que les $k_\parallel$ à droite correspondent à des m qui seraient résonants à des rayons plus grands. Les zones rouges correspondent à un transfert de courbure qui souhaite transférer vers la droite, et en bleu vers la gauche. Ceux en rouge transfèrent dans la même direction la propagation radiale des avalanches, celles en bleu vont à l'encontre de la propagation radiale. Sur la figure (d), aucune avalanche ne semble se propager vers le bord, cependant, il est difficile de dire si une avalanches remonte les rayons.

sur le parcours de l'avalanche. Dans le second cas, l'avalanche est située au contraire dans un épisode relativement plat du profil de température. Etant donné son énergie qui se propage radialement par terme de courbure, l'avalanche n'a pas besoin, et ne peut pas développer de turbulence ni de piquage de température.

Ces deux régimes nous donnent l'idée d'essayer de développer un modèle simplifié de ces deux méthodes de transfert.

7.4.2 Un modèle dynamique pour étudier la compétition entre ces deux processus

Observations

Lorsque l'on examine les mécanismes de transfert d'entropie principaux (par ex. fig. 7.4), les trois mécanismes majeurs sont le terme d'excitation linéaire des ITG et les deux modes

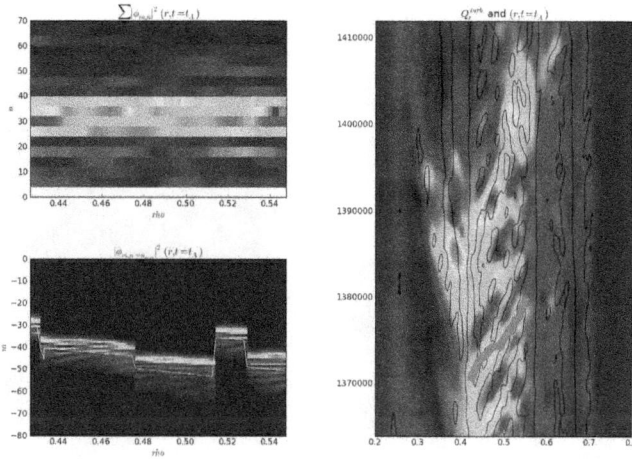

FIGURE 7.8 – Droite : Carte du flux de chaleur turbulent Q_{turb} en fonction du rayon normalisé et du temps. Les lignes noires montrent les contours du shearing $\omega_{E \times B}$ La ligne rouge est la trajectoire en rayon et en temps suivie pour suivre l'avalanche le long des maxima locaux de flux de chaleur. En haut à gauche, le spectre de l'énergie potentielle en fonction du nombre toroïdal n, $(\sum_m |\phi|_{m,n}^2)$. Soit $n(t)$ le n non nul où l'énergie est maximale. En bas à gauche le spectre de l'énergie potentielle en de $n(t)$ en fonction du nombre d'onde poloïdal. On constate sur cette avalanche que $n(t) \neq cste$ et que pour différents rayons au cours de la même avalanche un nouveau n dominant est porte l'énergie potentielle. Il semble que ce cas ressemble davantage à une succession d'excitations linéaires du mode le plus résonant sans relation les unes avec les autres.

de courbure.

Lorsque la situation devient turbulente, les termes de courbure ne sont plus monotones en m. Sur la figure 7.11, on a représenté l'importance et le signe des transferts par chacun des termes de l'équation (7.13). On constate que le signe des transferts ne correspond plus à l'équilibre décrit dans la représentation de ballonnement.

D'après les observations précédentes, nous souhaitons modéliser la compétition et les régimes possibles pour les deux régimes d'avalanches suivants :

- D'une part, le régime bien connu de gradient de température, instabilité ITG, turbulence et aplanissement de la turbulence. Le rôle des transferts toroïdaux dans cette optique est de relaxer le spectre vers la solution de la représentation de ballonnement.

- D'autre part, un régime d'avalanche principalement propagé par de terme de courbure, qui propage en m mais aussi en r une excitation initiale. Dans ce régime, les variations du gradient de température et l'éventuelle turbulence ITG est alors un effet secondaire.

Pour modéliser ces phénomènes, nous avons besoin des ingrédients physiques suivants :

125

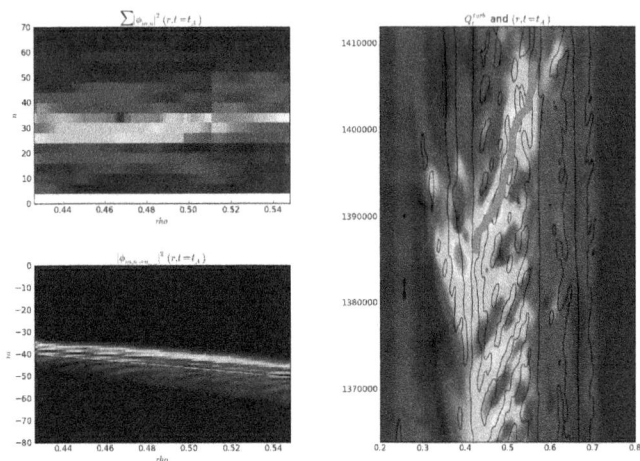

FIGURE 7.9 – Droite : Carte du flux de chaleur turbulent Q_{turb} en fonction du rayon normalisé et du temps. Les lignes noires montrent les contours du shearing $\omega_{E \times B}$ La ligne rouge est la trajectoire en rayon et en temps suivie pour suivre l'avalanche le long des maxima locaux de flux de chaleur. En haut à gauche, le spectre de l'énergie potentielle en fonction du nombre toroïdal n, $(\sum_m |\phi|^2_{m,n})$. Soit $n(t)$ le n non nul où l'énergie est maximale. En bas à gauche le spectre de l'énergie potentielle en de $n(t)$ en fonction du nombre d'onde poloïdal. On constate sur cette avalanche que $n(t) = cste$ et que $m(t)$ le maximum d'énergie, suit la progression de $m + nq = 0$ (on remarquera tout de même que le m majoritaire n'est pas à $m + nq = 0$ (trait blanc), quelques phénomènes (effet Doppler, etc) pouvant dévier la résonance sur un mode voisin de $m = -nq$.).

- Un cisaillement magnétique

- Un terme d'excitation linéaire dû à un gradient de température (instabilité ITG).

- Un terme de couplage toroïdal (couplage par courbure).

- Une équation de la chaleur qui régit l'évolution du profil de température, avec un flux de chaleur qui dépend du niveau de turbulence.

- Un seul n pour simplifier le problème (que l'on appelera n_0). Ce n sera choisi selon l'observation que le pic d'instabilité est situé approximativement à $k_\theta \rho_i = 0.6$

Equations du modèle

On peut écrire un modèle qui prend en compte ces ingrédients, appelons-le IC (pour ITG-Courbure) dans la suite du chapitre. Equation d'évolution de $f_m(r)$:

$$\partial_t f_m(r) = \text{Curv} + \text{ITG} + \text{NonLinear Saturation} + \text{Landau} + \text{Buffer} \qquad (7.17)$$

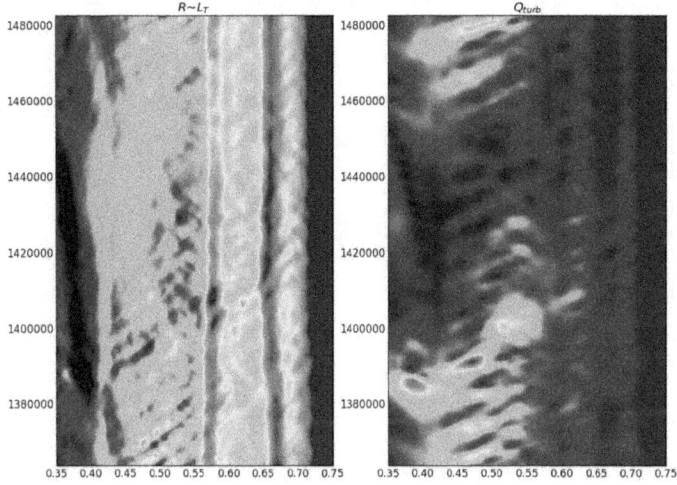

FIGURE 7.10 – Gradient de température R/L_T et flux de chaleur turbulent, illustration des deux cas précédents. (simulation GYSELA)

$$\text{Curv} = -\frac{iv_g}{2}\left[\frac{1}{r}\Big((m-1/2)f_{m-1} + (m+1/2)f_{m+1}\Big) + \partial_r\Big(f_{m+1} - f_{m-1}\Big)\right] \tag{7.18}$$

$$\text{ITG} = sign(\partial_r T/T + T_0 + \text{ITG}_{threshold})\frac{\text{ITG}_{cst}}{1 + \frac{|m-m_{res}|}{\text{ITG}_{res.sat}}}f_m(1 - \text{ITG}_{sat}|f_m|^2) \tag{7.19}$$

$$\text{NonLinear Saturation} = -NLSat_{cst}|f_m|^2 f_m \tag{7.20}$$

$$\text{Laudau} = -\text{Laudau}_{cst}|m - m_{res}|^3 f_m \tag{7.21}$$

$$\text{Buffer} = -\text{Buffer}_{cst}\chi(r > 0.8)(r - 0.8)^3 f \tag{7.22}$$

$$f_m(r = 1) = 0 \tag{7.23}$$

$$\frac{\partial f_m(r)}{\partial r}\bigg|_0 = 0 \tag{7.24}$$

127

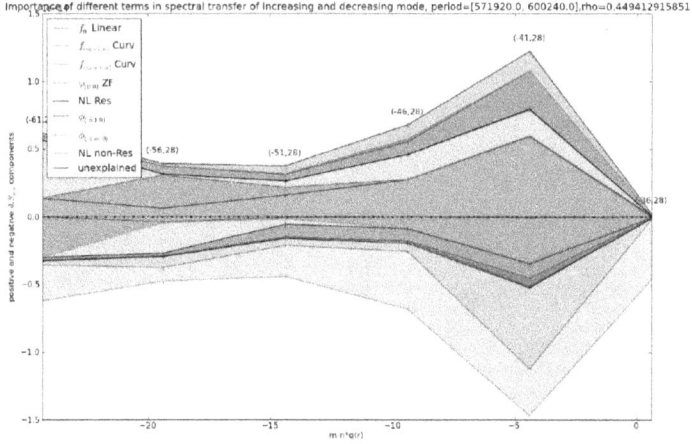

FIGURE 7.11 – Transfert d'entropie pour différents modes m pour le même $n = 28$, en fonction de la résonance du mode $m+nq$ dans une simulation GYSELA en présence d'avalanche. En présence d'avalanche, on constate que le comportement asymptotique à grand $|k_\parallel|$ est similaire au cas calme (voir fig. 7.4), mais à proximité des modes résonants, le sens des transferts de courbure est inversé.

Equations d'évolution de $T(r)$:

$$\partial_t T(r) + \nabla.Q_r^{turb} + \nabla.Q_r^{neo} = \text{Source}(r) + \text{Buffer}(r) \tag{7.25}$$

$$Q_r^{turb} = -\chi_{cst}^{turb} \sum_m |f_m(r)|^2 \nabla T(r) \tag{7.26}$$

$$Q_r^{neo} = -\chi_{cst}^{neo} \nabla T(r) \tag{7.27}$$

$$\text{Source} = S_{cst} e^{-(r/\lambda_{Source})^2} \tag{7.28}$$

$$\text{Buffer} = -\text{Buffer}_{cst}\delta(r > 0.8)(r - 0.8)^3(T - T_0(r)) \tag{7.29}$$

$$T(r = 1) = 0 \tag{7.30}$$

$$\left.\frac{\partial T(r)}{\partial r}\right|_{r_{min}} = 0 \tag{7.31}$$

Variables

- Temperature : $T(r)$, initialisée à $T(r, t = 0) = fT_0(1 - r)$

- Techniquement, le point $r = 0$ n'est pas simulé par la métrique diverge en $r = 0$.

- Fonction de distribution : $f(n_0, m, r)$ complexe, initialisé par une norme constante et des phases aléatoires.

- Conditions aux bords pour T et f : dérivée nulle à $r = r_{min}$ et à température nulle en $r = 1$.

128

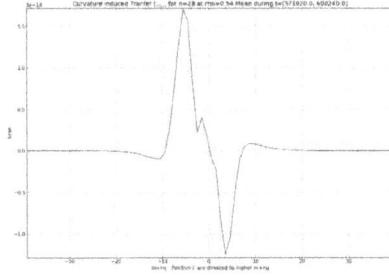

FIGURE 7.12 – Flux d'entropie $\Gamma^{Curv}(m, n = 28)$ en fonction de $m+nq$ dans une simulation GYSELA en présence d'avalanche. Si le comportement asymptotique aux grands $k_{\parallel} = m+nq$ de ce flux est similaire à celui retrouvé dans le cas sans avalanches, le comportement proche de la résonance est inversé.

- Les modes $m < 0$ ne sont pas modélisés par pour des valeurs de $n \gg 1$, si (m, n) est résonant, $(-m, n)$ est très loin de la résonance et très rapidement amorti.

Paramètres

- profil de facteur de sécurité : $q(r)$, pour l'instant, le profil est choisi parabolique entre 1 et 3, de la forme : $q(r) = 1 + 2(r/a)^2$

- les paramètres réglant l'importance relatives des termes :

$$v_g, \text{ITG}_{cst}, \text{NLSat}_{cst}, \text{Landau}_{cst}, \chi_{cst}^{turb}, \chi_{cst}^{neo}, S_{cst}, \text{Buffer}_{cst} \qquad (7.32)$$

7.4.3 Conservations

On vérifie que le terme de transfert toroïdal conserve bien l'énergie $|f_m|^2$ pour les transferts entre m voisins et transporte l'énergie en rayon.

L'évaluation de la dérivée de l'énergie fait intervenir une partie réelle :

$$\partial_t |f_m(r)|^2 = f_m^* \partial_t f_m + f_m \partial_t f_m^* = 2\Re(f_m^* \partial_t f_m) \qquad (7.33)$$

Même si dans le cas complet, $f_{\mathbf{k}}^* = f_{-\mathbf{k}}$ (rappelons la notation est $\mathbf{k} = (m, n)$), ici, cela n'a pas d'incidence sur notre modèle.

$$
\begin{aligned}
\sum_m f_m^* \partial_t f_m &= -\sum_m \frac{iv_g}{2} \left[\frac{1}{r}\Big((m-1/2)f_{m-1} + (m+1/2)f_{m+1}\Big) \right. \\
&\quad \left. + \partial_r \Big(f_{m+1} - f_{m-1}\Big) \right] f_m^* \\
\sum_m f_m^* \partial_t f_m &= -\frac{iv_g}{2r} \sum_m \Big((m-1/2)f_{m-1}f_m^* + (m+1/2)f_{m+1}f_m^*\Big) \\
&\quad + -\frac{iv_g}{2} \sum_m \partial_r \Big(f_{m+1}f_m^* - f_{m-1}f_m^*\Big) \\
\sum_m f_m^* \partial_t f_m &= -\frac{iv_g}{2r} \sum_m 2\Re\Big((m+1/2)f_{m+1}f_m^*\Big) \\
&\quad + (-1/2)f_{-1}f_0^* + (M+1/2)f_{M+1}f_M^* \\
&\quad + -\frac{iv_g}{2} \sum_m \partial_r 2i\Im(f_{m+1}f_m^*) + f_{-1}f_0^* + f_{M+1}f_M^* \\
\sum_m f_m^* \partial_t f_m &= [\in i\mathbb{R}] + \frac{v_g}{2}\partial_r \Big(\sum_m 2\Im(f_{m+1}f_m^*)\Big)
\end{aligned}
\qquad (7.34)
$$

En prenant $f_{-1} = f_{M+1} = 0$.

7.4.4 Transferts d'énergie

Considérons uniquement le terme entre m voisins du transfert toroïdal, à un rayon r donné.

Si on écrit l'énergie (on n'écrit pas la dépendance en r) :

$$\partial_t E_m = \partial_t |f_m|^2 \tag{7.35}$$

$$\partial_t E_m = -\frac{iv_g}{2r}\Big((m-1/2)f_{m-1}f_m^* + (m+1/2)f_{m+1}f_m^*\Big) \tag{7.36}$$

$$+\frac{iv_g}{2r}\Big((m-1/2)f_{m-1}^* f_m + (m+1/2)f_{m+1}^* f_m\Big) \tag{7.37}$$

$$\partial_t E_m = -\frac{iv_g}{2r}(m-1/2)\Big(f_{m-1}f_m^* - f_{m-1}^* f_m\Big) \tag{7.38}$$

$$-\frac{iv_g}{2r}(m+1/2)\Big(f_{m+1}f_m^* - f_{m+1}^* f_m\Big) \tag{7.39}$$

$$\partial_t E_m = T_m^- + T_m^+ \tag{7.40}$$

Où T_m^- et T_m^+ sont respectivement les énergies reçues des modes voisins $m+1$ et $m-1$. On constate que :

$$T_m^+ = -T_{m+1}^- \tag{7.41}$$

$$\partial_t E_m = T_m^- - T_{m+1}^- = T_m^+ - T_{m-1}^+ \tag{7.42}$$

On a donc deux formes équivalentes pour écrire le flux en m, on peut choisir $\Gamma^{Curv} = T_m^-$ ou $\Gamma^{Curv} = -T_m^+$.

$$\partial_t E_m + \partial_m T_m^- = \partial_t E_m - \partial_m T_m^+ = 0 \tag{7.43}$$

avec la convention $\partial_m T_m^- = T_{m+1}^- - T_m^-$ et $\partial_m T_m^+ = T_m^+ - T_{m-1}^+$. Nous choisirons dans toute la suite la définition :

$$\Gamma^{Curv} = \frac{T_m^- - T_m^+}{2} \tag{7.44}$$

7.4.5 Premiers résultats, interprétations

Sur la figure 7.13, on montre un état calme (appelé IC1, similaire au cas sans turbulence de la section précédente).

On voit sur la figure 7.14 un diagnostic similaire à celui présenté pour les simulations GYSELA . On voit les mêmes mécanismes principaux d'excitation linéaire à la résonance, et de répartition vers les modes plus éloignés pour satisfaire la distribution d'énergie des modes de ballonnement.

7.4.6 Avalanches

Le cas précédemment présenté ne présente pas de dynamique et semble plutôt s'apparenter à un état quasi-stationnaire. Nous présentons ici un cas (appelé IC2 dans la suite) où des fronts d'avalanches se propagent de manière balistique vers le bord.

La figure 7.15 montre le transport Q_r^{turb} de ces fronts au cours du temps. On peut également voir ces fronts individuels sur la figure 7.16. On observe que chaque front est formé de couplages toroïdaux et d'excitation linéaire.

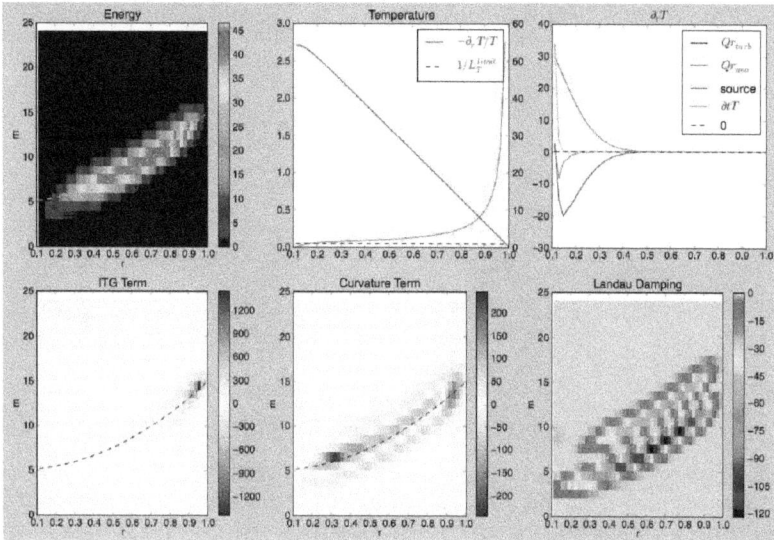

FIGURE 7.13 – IC1 : Aperçu du résultat de l'intégration du système dynamique d'avalanches. De gauche à droite puis de haut en bas : (en haut à gauche) Amplitude de $|f|^2$ en fonction de (m,r) (on rappelle qu'un seul $n = n_0$ est calculé), on voit que la répartition de l'énergie sur les modes dépend de r et suit la profil de q. (en haut au centre) Profil de température, le profil de température est très homogène sur cette simulation. (en haut à droite) Flux de chaleur, le flux de chaleur est composé d'un flux turbulent et d'un flux néoclassique. (en bas à gauche) Excitation linéaire par ITG. On voit que l'excitation linéaire est limitée aux modes résonants, comme attendu. (en bas au centre) Terme de courbure $T_m^- + T_m^+$. On voit que ce terme pompe de l'énergie au niveau de la résonance et la redistribue de part et d'autre. (en bas à droite) Terme effectif d'effet Landau. Ce terme dissipatif est simplement ici pour dissiper les termes non résonants, comme le ferait l'effet Landau dans les tokamaks.

Ces avalanches ressemblent davantage au premier régime à base d'effet domino entre instabilité, turbulence et transport. La forme de ce flux de courbure nous rappelle les couplages toroïdaux de ce régime (voir figure 7.12). J'ai étudié en détail ces termes de courbure, notamment via le rôle du déphasage entre f_m et f_{m+1} voisins pour expliquer le sens de ces transferts toroïdaux. Malheureusement, ce travail reste inachevé et des études supplémentaires seront nécessaires avant de comprendre ces régimes d'avalanche et la pertinence des similitudes entre ce système dynamique et les résultats rencontrés dans GYSELA .

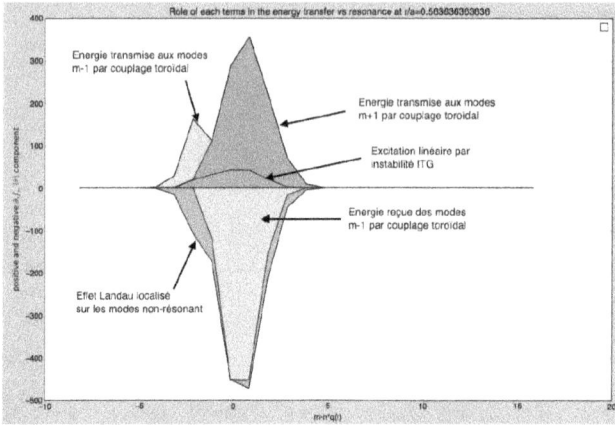

FIGURE 7.14 – IC1 : Répartition des termes ITG, de courbure, et Landau dans le rôle des transferts énergétiques dans le système dynamique. On voit qu'un déséquilibre des transferts via la courbure transfère l'énergie préférentiellement vers les m plus grands, qui sont résonant à des rayons plus élevés.

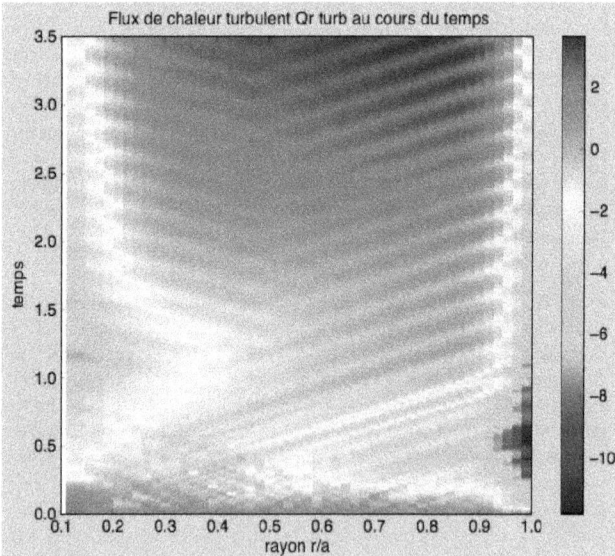

FIGURE 7.15 – IC2 : Flux de chaleur turbulent Q_r^{turb} sur un cas où des fronts d'avalanches se présentent.

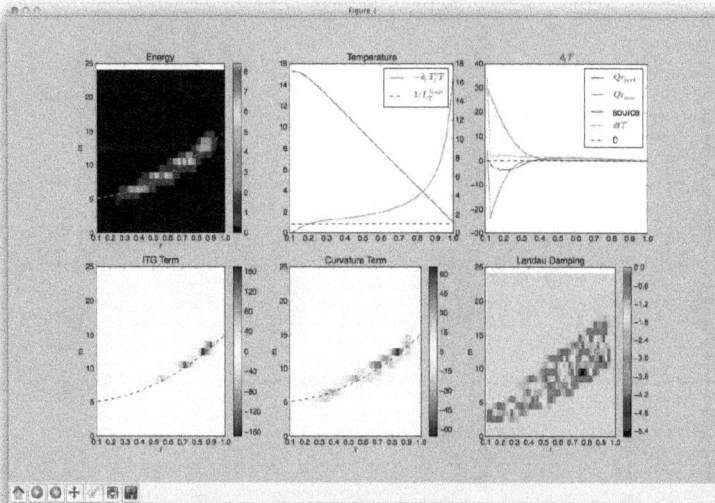

FIGURE 7.16 – IC2 : Diagnostics de la répartition spatiale et spectrale des différents termes du système dynamique. On voit les fronts de propagation de la turbulence, chaque front s'accompagne d'instabilités linéaires et couplages toroïdaux.

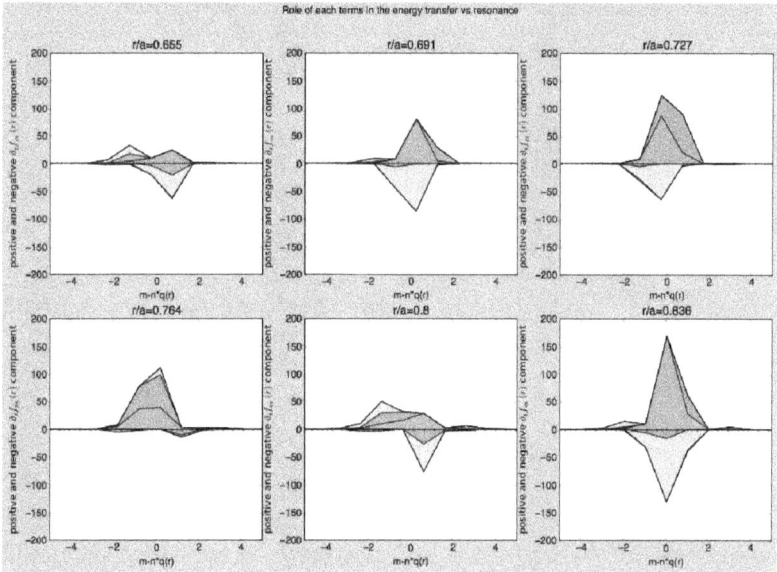

FIGURE 7.17 – IC2 : Transferts de f^2 à différents rayons lors de la simulation. On voit que les instabilités ITG sont localisées en rayon ($r/A = 0.69 - 0.73$ et $r/a = 0.84$) et s'accompagne d'un fort transfert toroïdal vers les termes $m + 1$ (termes violet positif et terme orange négatif). Cependant, à certains rayons, un transfert inverse est favorisé (rayons $r/a = 0.655$ et $r/a = 0.8$.

Conclusion et perspectives

Dans cette thèse, nous avons étudié deux aspects très distincts des transferts turbulents dans les plasmas. D'une part, comment la turbulence agit lorsque soumise à l'expansion transverse du vent solaire. D'autre part, comment se distribue la turbulence dans les propagations radiales de l'énergie dans les tokamaks. Nous avons étudié ces deux domaines avec des approches différentes. Le vent solaire fut étudié dans le cadre de la magnétohydrodynamique, et la turbulence de tokamak dans le cadre gyrocinétique.

Travailler sur des données spatiales est dur. Le premier jour où Roland m'a proposé des données Helios à analyser, j'ai découvert les trous de données, les limitations, les hypothèses, les approximations et les méthodes des uns et des autres pour tirer la substantifique moelle de ces séries de chiffres. Travailler sur les données spatiales demande beaucoup de rigueur. Sans protocole clair, il est difficile de savoir ce que l'on mesure. Revisiter les données Helios et Wind dans le cadre de la variabilité des spectres nous a poussé à préciser la méthode de calcul des indices spectraux de la zone inertielle en prenant en compte le déplacement de la cassure de pente. On en conclut d'une part que les mesures précédentes prenaient en compte une partie de la zone en f^{-1}, et d'autre part que la variation de l'indice spectral magnétique avec la température persiste et reste à expliquer.

Un débat important dans la turbulence du vent solaire est celui entourant la théorie de la balance critique. Cette théorie donne un rôle dominant aux transferts spectraux décrits par la turbulence forte. De tels mécanismes imposent des lois d'échelles spécifiques au spectre 3D. Pour vérifier ce régime de turbulence dans le vent solaire, nous avons mesuré l'anisotropie des spectres magnétiques par différentes méthodes. Notamment, les mesures d'autocorrélations sont prometteuses car elles permettent théoriquement de remonter au spectre 3D gyrotrope. Cependant, parmi les possibilités de méthodes, il faut choisir celles qui permettent de mettre à jour au mieux l'anisotropie réelle du vent solaire, libre de tous les biais statistiques possibles. C'est pourquoi nous avons étudié différentes méthodes qui ont mis à jour l'importance des choix de normalisation lorsque l'on veut étudier l'anisotropie. On peut résumer de la manière suivante nos observations : Autant que possible il faut séparer les vents lents et les vents rapides qui sont deux régimes différents. Additionner statistiquement des vents de natures différentes n'ajoutera que des biais statistiques et ne pourra révéler la nature ni d'un vent, ni de l'autre, et certainement pas d'un vent moyen. Si on souhaite étudier les coupes radiales de la fonction d'autocorrélation, ou de la fonction de structure, peu importe la normalisation car chaque coupe isolée est cohérente. Mais si on souhaite étudier l'anisotropie d'amplitude de l'autocorrélation ou retracer des figures comme la croix maltaise, il est à mon avis essentiel de normaliser par δB^2. Cette normalisation est tout aussi valable que la définition classique de l'autocorrélation, puisqu'elles convergent de la même manière vers la fonction théorique. Mais elle présente l'avantage d'éliminer un biais statistique dû à la nature des vents susceptibles de présenter un angle proche de 0 ou proche de la perpendiculaire. Cependant, il restera difficile de conclure de manière convaincante sur le sujet tant qu'aucune mesure de l'autocorrélation 3D n'est possible aux échelles considérées. Quant au débat entre repère lié au champ magnétique local ou global, il est difficile à sceller dans la mesure où le repère global semble plus proche d'une mesure théorique et le repère local semble plus à même de faire ressortir des structures physiques. Peut-être la solution est-elle la comparaison entre ces méthodes de mesures sur des simulations numériques prenant assez de physique en compte pour être réellement comparées au vent solaire. Cependant, pour mesurer les effets potentiels des biais statistiques évoqués dans ce manuscrit, il faudrait intégrer tous ces effets (hypothèse de Taylor, dépendance de la nature du vent avec l'angle d'échantillonnage, mélange d'un échantillon représentatif des différents vents dans une même fonction d'autocorrélation) dans une simulation numérique. Même si on est encore loin de cet objectif, EBM est certainement un pas dans cette direction.

Le travail sur EBM (alias *la boîte en expansion*, alias *BOX*) a été une partie essentielle de ma thèse. Les résultats majeurs ont été de retrouver les orderings (ou classements) d'amplitude des spectres des différentes composantes des champs magnétiques et cinétiques dans le vent solaire. Notamment, la mise en évidence de structures magnétiques transverses et de tubes de flux radiaux du champ de vitesse ouvrent la voie à de nombreuses questions passionnantes. Comment évoluent ces tubes en présence d'un champ magnétique oblique qui tourne ? Comment se conservent-ils dans le vent solaire ? Quel mécanisme alimente les grandes échelles du champ magnétique radial dans le vent solaire ? Je suis convaincu que ces premiers résultats ne sont que le début des apports d'EBM à la compréhension du vent solaire.

De nombreuses questions restent en suspens. Nous n'avons exploré qu'une petite partie de l'espace des paramètres possibles pour EBM. Il serait très intéressant de choisir de nouveaux domaines de U_0 pour observer la conservation efficace du spectre en f^{-1} et donner assez d'espace pour la cassure de pente. Enfin, il reste beaucoup de choses à comprendre du comportement d'EBM en présence de conditions initiales réalistes, notamment en présence d'un champ uniquement composé de z^+ au départ. De même, l'évolution de structures magnétiques grandes échelles complexes ou de tubes de flux de vitesse à la sortie de la couronne sont des sujets de prédilection pour EBM.

Nous avons reproduits les mécanismes principaux d'EBM dans des modèles shell. En présentant plusieurs modèles, on a montré que les ingrédients choisis sont bien ceux qui permettent d'expliquer les propriétés observées (gel de la turbulence grande échelle, ordering des composantes, spectre de l'énergie résiduelle). Ces systèmes dynamiques simples sont utiles pour vérifier sa compréhension des mécanismes physiques. Mais ils permettent surtout de simuler des échelles supérieures de plusieurs ordres de grandeur à celles d'un code 3D sur des ordinateurs de bureau. Ces petits modèles nous donne également une certaine idée du comportement d'EBM avec d'autres familles de paramètres.

Mon travail sur la turbulence dans les tokamaks m'a fait découvrir un autre aspect de la turbulence dans les plasmas. J'ai étudié les transferts spectraux d'énergie ou d'entropie dans le cadre du transport radial de la turbulence. Cette turbulence présentait quelques analogies intéressantes avec la turbulence dans le vent solaire. En particulier, le rôle du couplage toroïdal qui fait penser à des couplages Alfvéniques en régime Iroshnikov-Kraichnan (Iroshnikov, 1963; Kraichnan, 1965). Egalement, alors que la propagation radiale dans le vent solaire a été étudiée comme une contrainte sur le système, la propagation radiale des avalanches a été regardée comme un phénomène auto-consistant dans les tokamaks. Mais toutes deux partagent la problématique de la gestion du cisaillement magnétique et la redistribution de l'énergie le long de la propagation.

Le diagnostic spectral développé sur GYSELA est un outil puissant et très détaillé du comportement spectral du plasma de tokamak. Mais il m'a malheureusement manqué le temps de mener les travaux sur GYSELA comme il m'aurait plu. Ce diagnostic spectral permet non seulement de comprendre les transferts linéaires du ballonnement, mais également beaucoup d'autres phénomènes que j'ai choisi de ne pas présenter ici car trop disparates. Ce diagnostic permet par exemple d'étudier les transferts d'énergie entre mode zonaux, GAM et turbulence dans les tokamaks. Par exemple, on a pu voir que le développement de modes GAMs $(m, 0)$ à m élevés s'accompagnaient de l'excitation non-linéaire de modes largement non-résonants. Quels rôles jouent ces modes dans le transport turbulent ? En particulier lorsque l'excitation linéaire des modes résonants est limitée par la géométrie magnétique d'un profil de q inversé ? J'espère de tout coeur que ce diagnostic spectral pourra être utilisé pleinement dans le futur. Je n'en ai qu'entrevu les possibilités et elles semblent passionnantes.

Même si ce travail n'était pas achevé, j'ai voulu présenter ici quelques résultats du modèle dynamique d'avalanche écrit en interprétant les simulations GYSELA . Ce modèle permet de comprendre les régimes de turbulence possibles avec uniquement un mode toroïdal n, des couplages toroïdaux et de l'instabilité ITG. Qualitativement, nous avons reproduits deux régimes qui ressemblent à deux modes d'avalanches observés dans GYSELA . Cependant, beaucoup de questions restent en suspens concernant la justification d'un tel modèle au vu du grand nombre de paramètres possibles. Egalement, gardons à l'esprit la question de la localisation en φ des avalanches, qui va de pair avec un large spectre en n que nous n'avons pas ici. Dans quelle mesure cette localisation est-elle essentielle à la physique des avalanches ?

Finalement, il ne m'aura pas été permis de relier ces deux sujets proches et lointains à la fois autrement que dans mes réflexions. Bien qu'ils soient décrits par des équations différentes, la physique était en de nombreux points similaires. Bien qu'ils parlent tous deux de propagation radiale et de rotation du champ magnétique, l'analogie radiale s'arrête rapidement. Mais ils m'auront indéniablement apporté des approches complémentaires et bénéfiques sur chaque sujet. Et ce fut un plaisir de faire des aller-retours entre ces deux chaleureuses communautés qui ont toujours été ouvertes au dialogue pour essayer de construire le pont entre ces deux moitiés de mon sujet de thèse. Les sujets transverses entre le monde des tokamaks et celui du vent solaire ne sont pas les plus faciles, mais ils gagnent à être explorés, pour les domaines respectifs, mais surtout pour l'explorateur.

Fonction d'autocorrélation, fonction de structure et spectre

Sommaire

Dans cette annexe nous allons rappeler les relations essentielles entre fonction d'autocorrélation, fonction de structure d'ordre 2 et spectres.

Toutes ces fonctions sont des fonctions d'ordre 2 du champ. Considérons un champ $B(\mathbf{x})$.

Transformée de Fourier

Notons $\hat{B}(\mathbf{k})$ la transformée de Fourier de $B(\mathbf{x})$

$$\hat{B}(\mathbf{k}) = \frac{1}{V} \int e^{-i\mathbf{k}.\mathbf{x}} B(\mathbf{x}) d^3\mathbf{x} \tag{A.1}$$

Spectre

Le spectre 3D de B, est donné par le module au carré de la transformée de Fourier.

$$E_{3D}(\mathbf{k}) = |\hat{B}(\mathbf{k})|^2 \tag{A.2}$$

Notons que le spectre perd une partie de l'information puisque l'on perd la phase en prenant le module.

Fonction d'autocorrélation

La fonction d'autocorrélation, a été définie à l'équation 5.6 que nous reproduisons ici.

$$R(\mathbf{x}) = \iiint_{\mathbb{R}^3} B(\mathbf{x}' + \mathbf{x}) B(\mathbf{x}') d^3\mathbf{x}' \tag{A.3}$$

Fonction de structure d'ordre 2

La fonction de structure d'ordre 2 est définie ainsi :

$$SF_2(\mathbf{x}) = \frac{1}{V} \iiint_{\mathbb{R}^3} (B(\mathbf{x}' + \mathbf{x}) - B(\mathbf{x}'))^2 d^3\mathbf{x}' \tag{A.4}$$

Relations essentielles

Les relations essentielles entre ces fonctions sont données d'une part par le schéma à l'équation 5.34, qui ajoute à ce que l'on a dit la relation de Wiener-Khintchine :

$$E_{3D}(\mathbf{k}) = \int e^{-i\mathbf{k}.\mathbf{x}} R(\mathbf{x}) d^3\mathbf{x} \tag{A.5}$$

On remarque par là même sur la fonction d'autocorrélation aussi perd la moitié de l'information, puisqu'elle contient autant d'information que le spectre.

La relation entre fonction de structure et fonction d'autocorrélation est également très simple.

$$SF_2(\mathbf{x}) = <(B(\mathbf{x}' + \mathbf{x}) - B(\mathbf{x}'))^2> \tag{A.6}$$

$$SF_2(\mathbf{x}) = 2 < B^2 > -2R(\mathbf{x}) \tag{A.7}$$

Alors que la fonction d'autocorrélation tend vers 0 pour les grands $\mathbf{x}$, la fonction de structure tend vers 0 pour les petits $\mathbf{x}$. Souvent, les fonctions de structure sont tracées et des relations d'échelles sont recherchées. Remarquons que ces lois d'échelles aux petites échelles soient correctes, la détermination précise de $< B^2 >$ est essentielle. Nous verrons comment cela peut être problématique dans le chapitre 5.3.3.

Choix de définitions de la fonction d'autocorrélation

Par ailleurs, il faut remarquer que dans le cadre de certaines définitions, le même champ moyen $< \mathbf{B} >^{(t_1, t_2)}$ est utilisé pour déterminer l'angle du champ moyen et la définition de la fluctuation $\delta \mathbf{B}(t_1) = \mathbf{B}(t_1) - < \mathbf{B} >^{(t_1, t_2)}$. Cela amène souvent à supprimer la partie corrélée de $\delta \mathbf{B}(t_1)$ et $\delta \mathbf{B}(t_2)$ de fonctions d'autocorrélations. Par contre, avec un repère global, la partie corrélée est proche de la partie moyenne, qui est conservée en partie. Ceci est particulièrement vrai dans le cas où t_1 est proche de t_2, donc pour les petits Δr. On peut résumer cette situation où $|t_1 - t_2| \ll T$ de la sorte (où T est le temps de définition de la moyenne globale (voir eq. (5.20)) :

$$\mathbf{B}(t_1) = < \mathbf{B} >_{global} + \delta_g \mathbf{B}(t_1) \tag{B.1}$$

$$\mathbf{B}(t_2) = < \mathbf{B} >_{global} + \delta_g \mathbf{B}(t_2) \tag{B.2}$$

$$\delta_g \mathbf{B}(t_1) = < \mathbf{B} >_{local} + \delta_l \mathbf{B}(t_1) \tag{B.3}$$

$$\delta_g \mathbf{B}(t_2) = < \mathbf{B} >_{local} + \delta_l \mathbf{B}(t_2) \tag{B.4}$$

$$\text{où} \quad < \mathbf{B} >_{local} \approx \frac{\delta_g \mathbf{B}(t_1) + \delta_g \mathbf{B}(t_2)}{2} \tag{B.5}$$

$$< \mathbf{B} >_{global} \gg < \mathbf{B} >_{local} \gg \delta_l \mathbf{B}(t_1), \delta_l \mathbf{B}(t_2) \tag{B.6}$$

Alors on constate que la corrélation locale est très différente de la corrélation globale.

$$\delta_g \mathbf{B}(t_1) \delta_g \mathbf{B}(t_2) \approx < \mathbf{B} >_{local}^2 \tag{B.7}$$

$$\delta_l \mathbf{B}(t_1) \delta_l \mathbf{B}(t_2) \ll < \mathbf{B} >_{local}^2 \tag{B.8}$$

On comprend aussi que cette définition de la corrélation locale n'est alors pas définie à 1 en $\Delta r = 0$. Car stricto sensu, $< \mathbf{B} >_{local}^{(t_1, t_1)} = \mathbf{B}(t_1)$ et $BB^{(t_1, t_1)} = 0$.

Cette définition particulière de la fonction d'autocorrélation mène à des figures très différentes nulles en zéro et souvent négative à proximité de 0. (cf fig.)

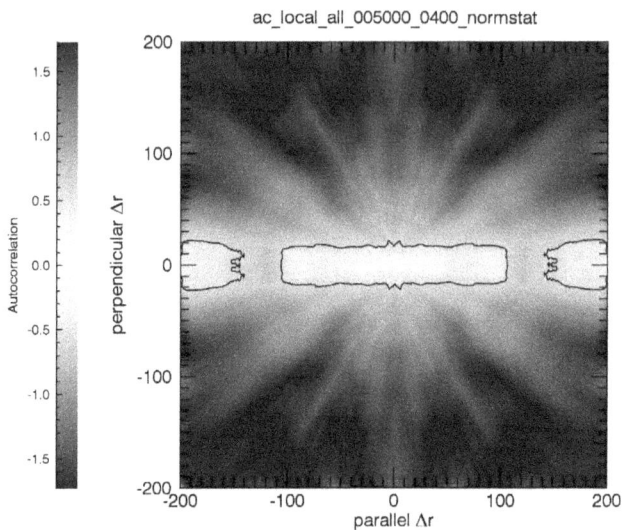

(a) Tous les vents, sans normalisation.

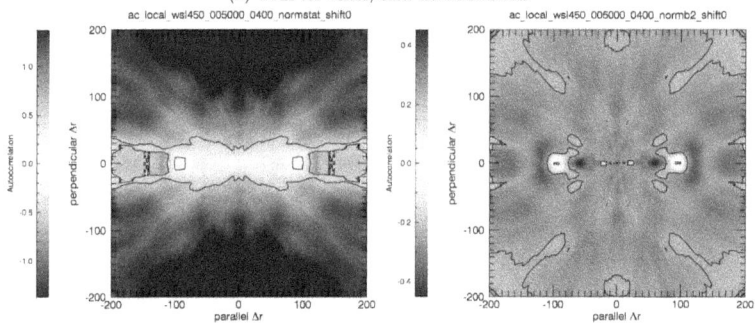

(b) Vents lents (<450km/s) normalisé par B^2. (c) Vents lents (<450km/s) normalisé par B^2.

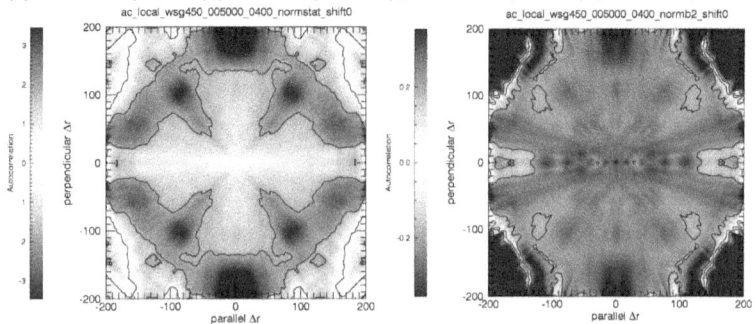

(d) Vents rapides (>450km/s) sans normalisa- (e) Vents rapides (>450km/s) normalisé par
tion. B^2.

FIGURE B.1 – Figures d'autocorrélation calculées avec une définition locale de la fluctuation, dans le repère local. (cf eqs. (B.1))

Equations du diagnostic spectral de Gysela

Sommaire

Nous allons détailler l'outil numérique de suivi des transferts spectraux et spécifier la répartition des termes pour obtenir l'équation (7.12-7.13) du chapitre 7.2.1.

C.1 Outils diagnostics et quantités suivies

Rappelons que les quantités observées sont :

$$\int \mid f_{m,n}(r,t) \mid^2 J_0 d^2 v \tag{C.1}$$

et que nous voulons observer les différents termes de l'équation d'évolution :

$$\partial_t \int \mid f_{m,n}(r,t) \mid^2 J_0 d^2 v \tag{C.2}$$

Développons symboliquement les termes de l'équation de Vlasov dans l'approximation gyrocinétique :

$$\partial_t f + (\mathbf{v}_E + \mathbf{v}_g + \mathbf{v}_{\mathbf{G}\parallel}) \cdot \boldsymbol{\nabla} f + \dot{v}_{G\parallel} \cdot \partial_{v_{G\parallel}} f = 0 \tag{C.3}$$

Dans la suite, nous utiliserons une écriture abrégée pour limiter les indices : $k \equiv (m,n)$, $k \pm 1 \equiv (m \pm 1, n)$, $0 \equiv (0,0)$, $\pm 1 \equiv (\pm 1, 0)$. La transformation de Fourier décrite aux équations 7.1 donne la forme suivante, où on a abrégé les termes par une écriture formelle tout en conservant les différents termes non-linéaires.

$$
\begin{aligned}
\partial_t f_k + \sum_{p+q=k} & \left[A^{E\times B}_{p,q,r}(\phi_p, f_q) + A^{E\times B,-1}_{p,q,r}(\phi_{p-1}, f_q) + A^{E\times B,+1}_{p,q,r}(\phi_{p+1}, f_q) \right] \\
& + A^{\nabla_\parallel B,-1}_{k,r}(f_{k-1}) + A^{\nabla_\parallel B,+1}_{k,r}(f_{k+1}) \\
& + A^{Curv-1}_{k,r}(f_{k-1}) + A^{Curv+1}_{k,r}(f_{k+1}) + A^{v_{G\parallel}}_{k,r}(f_k) \\
& + \sum_{p+q=k} \left[A^{\nabla_\parallel \phi}_{p,q,r}(\phi_p, f_q) \right. \\
& \left. + A^{(\mathbf{v}_E \cdot \boldsymbol{\nabla} B),+1}_{p,q,r}(\phi_{p+1}, f_q) + A^{(\mathbf{v}_E \cdot \boldsymbol{\nabla} B),-1}_{p,q,r}(\phi_{p-1}, f_q) \right] = 0
\end{aligned}
\tag{C.4}
$$

Une fois considérant l'évolution de l'entropie :

$$0 = \frac{1}{2}\partial_t |f_{m,n}|^2$$

$$+ \Re\left[\sum_{p+q=k} A_{p,q,r}^{E\times B}(\phi_p, f_q)f_k^* \right.$$

$$+ \sum_{p+q=k} A_{p,q,r}^{E\times B,-1}(\phi_{p-1}, f_q)f_k^* + \sum_{p+q=k} A_{p,q,r}^{E\times B,+1}(\phi_{p+1}, f_q)f_k^*$$

$$+ A_{k,r}^{Curv_{-1}}(f_{k-1})f_k^* + A_{k,r}^{Curv_{+1}}(f_{k+1})f_k^* \qquad\qquad (C.5)$$

$$+ \sum_{p+q=k} A_{p,q,r}^{\nabla_\parallel \phi}(\phi_p, f_q)f_k^*$$

$$+ A_{k,r}^{\nabla_\parallel B,-1}(f_{k-1})f_k^* + A_{k,r}^{\nabla_\parallel B,+1}(f_{k+1})f_k^*$$

$$\left. + \sum_{p+q=k} A_{p,q,r}^{\mathbf{v}_E\cdot\nabla B,+1}(\phi_{p+1}, f_q)f_k^* + \sum_{p+q=k} A_{p,q,r}^{\mathbf{v}_E\cdot\nabla B,-1}(\phi_{p-1}, f_q)f_k^* \right]$$

Chaque noyau $A_{...}^{Term}$ est composé de constantes du temps, de dérivées radiales et des variables m, n, r.

Rappelons que $\Re[A_{k,r}^{v_G}(f_k)f_k^*] = 0$

Etant donné l'extrême taille des fonctions de distribution [1], on ne peut choisir qu'un petit nombre de rayons, notés $r \in I_r$ et un petit nombre de modes à suivre, notés $k \in I_k$.

Alors les quantités calculées et enregistrées à intervalle régulier sont :

$$\forall r \in I_r, \forall k \in \mathbb{Z}^2, \qquad \frac{1}{2}\int |f_k(r,t)|^2 d^3v \equiv S_k \qquad (C.6)$$

$$\forall r \in I_r, \forall k \in I_k, \forall q \in \mathbb{Z}^2, p+q=k, \qquad \Re \int A_{p,q,r}^{E\times B}(\phi_p, f_q)f_k^* d^3v \qquad (C.7)$$

$$\forall r \in I_r, \forall k \in I_k, \forall q \in \mathbb{Z}^2, p+q=k, \qquad \Re \int A_{p,q,r}^{E\times B,-1}(\phi_{p-1}, f_q)f_k^* d^3v \qquad (C.8)$$

$$\forall r \in I_r, \forall k \in I_k, \forall q \in \mathbb{Z}^2, p+q=k, \qquad \Re \int A_{p,q,r}^{E\times B,+1}(\phi_{p+1}, f_q)f_k^* d^3v \qquad (C.9)$$

$$\forall r \in I_r, \forall k \in \mathbb{Z}^2, \qquad \Re \int A_{k,r}^{Curv_{-1}}(f_{k-1})f_k^* d^3v \qquad (C.10)$$

$$\forall r \in I_r, \forall k \in \mathbb{Z}^2, \qquad \Re \int A_{k,r}^{Curv_{+1}}(f_{k+1})f_k^* d^3v \qquad (C.11)$$

$$\forall r \in I_r, \forall k \in I_k, \forall q \in \mathbb{Z}^2, \qquad \Re \int A_{p,q,r}^{\nabla_\parallel \phi}(\phi_p, f_q)f_k^* d^3v \qquad (C.12)$$

$$\forall r \in I_r, \forall k \in \mathbb{Z}^2, \qquad \Re \int A_{k,r}^{\nabla_\parallel B,-1}(f_{k-1})f_k^* d^3v \qquad (C.13)$$

$$\forall r \in I_r, \forall k \in \mathbb{Z}^2, \qquad \Re \int A_{k,r}^{\nabla_\parallel B,+1}(f_{k+1})f_k^* d^3v \qquad (C.14)$$

$$\forall r \in I_r, \forall k \in I_k, \forall q \in \mathbb{Z}^2, p+q=k, \qquad \Re \int A_{p,q,r}^{\mathbf{v}_E\cdot\nabla B,-1}(\phi_{p-1}, f_q)f_k^* d^3v \qquad (C.15)$$

$$\forall r \in I_r, \forall k \in I_k, \forall q \in \mathbb{Z}^2, p+q=k, \qquad \Re \int A_{p,q,r}^{\mathbf{v}_E\cdot\nabla B,+1}(\phi_{p+1}, f_q)f_k^* d^3v \qquad (C.16)$$

Pour répartir toute ces composantes dans les équations suivantes, on discrimine en fonction de l'origine de l'énergie.

$$\partial_t S_0 = L^0 + C^0 + Z^0 + G^0 + \sum_k T_k^0 \qquad (C.17)$$

$$\forall k \in I_k, \partial_t S_k = L^k + C_{-1}^k + C_{+1}^k + Z^k + G^k + \sum_{p+q=k} T_{p,q}^k \qquad (C.18)$$

---

[1]Le stockage d'une fonction de distribution comme celle de la simulation décrite au chapitre 3.2.4 tient une place mémoire de quelques To.

Avec les termes respectivement : d'excitation linéaire, de courbure, zonaux, GAM et non-linéaires.

Ces termes sont détaillés ci-dessous :

$$-C_{-1}^k \equiv \Re \int A_{0,r}^{Curv-1}(f_{-1})f_0^* d^3v + \Re \int A_{k,r}^{\nabla_\parallel B,-1}(f_{k-1})f_k^* d^3v \qquad (C.19)$$

$$-C_{+1}^k \equiv \Re \int A_{0,r}^{Curv+1}(f_{+1})f_0^* d^3v + \Re \int A_{k,r}^{\nabla_\parallel B,+1}(f_{k+1})f_k^* d^3v \qquad (C.20)$$

Notons que le terme $\nabla_\parallel B$ is négligeable devant le terme de courbure. C'est pourquoi nous appelons ce terme un terme de courbure même si un terme de vitesse linéaire s'y retrouve. La partie $\nabla_\parallel$ est inférieur d'un facteur 10 en moyenne au terme de courbure.

Pour les termes non-linéaires, nous avons regroupés tous les termes de couplages non-linéaires, indépendamment de leur mécanisme sous-jacent, en fonction de l'origine de l'énergie. Nous avons choisi de les sélectionner en q ou p en fonction de si on cherche une source sur f (comme f_0 pour l'excitation linéaire) ou une source en ϕ (comme ϕ_0 pour les zonal flow).

$$-L^k = \Re \int \sum_{ExB,\nabla_\parallel \phi,\mathbf{v}_E \cdot \boldsymbol{\nabla} B} A_{k,0,r}(\phi_*,f_0)f_k^* d^3v \qquad (C.21)$$

$$-Z^k = \Re \int \sum_{ExB,\nabla_\parallel \phi,\mathbf{v}_E \cdot \boldsymbol{\nabla} B} A_{0,k,r}(\phi_0,f_*)f_k^* d^3v \qquad (C.22)$$

$$-G^k = \Re \int \sum_{ExB,\nabla_\parallel \phi,\mathbf{v}_E \cdot \boldsymbol{\nabla} B,p=(n,0)} A_{p,k-p,r}(\phi_{n,0},f_*)f_k^* d^3v \qquad (C.23)$$

$$\forall q \in \mathbb{Z}^2, -T_{p,q}^k = \Re \int \sum_{ExB,\nabla_\parallel \phi,\mathbf{v}_E \cdot \boldsymbol{\nabla} B} A_{k-q,q,r}(\phi_*,f_q)f_k^* d^3v \qquad (C.24)$$

Par exemple, on aura :

$$
\begin{aligned}
-L^k = \ & \Re \int A_{k,0,r}^{E \times B}(\phi_k,f_0)f_k^* d^3v \\
& + \Re \int A_{k,0,r}^{E \times B,-1}(\phi_{k-1},f_0)f_k^* d^3v \\
& + \Re \int A_{k,0,r}^{E \times B,+1}(\phi_{k+1},f_0)f_k^* d^3v \\
& + \Re \int A_{k,0,r}^{\nabla_\parallel \phi}(\phi_k,f_0)f_k^* d^3v \\
& + \Re \int A_{k,0,r}^{\mathbf{v}_E \cdot \boldsymbol{\nabla} B,-1}(\phi_{k-1},f_0)f_k^* d^3v \\
& + \Re \int A_{k,0,r}^{\mathbf{v}_E \cdot \boldsymbol{\nabla} B,+1}(\phi_{k+1},f_0)f_k^* d^3v
\end{aligned}
\qquad (C.25)
$$

Parmi les termes de couplages non-linéaires, on remarque sans surprise que le couplage $E \times B$ est dominant sur les autres termes. Notons que pour le mode $(0,0)$ et les termes $E \times B$, certaines de ces définitions se contredisent, le mode $(0,0)$ est traité de la sorte :

$$-C^0 \qquad\qquad \equiv -C_{-1}^0 - C_{+1}^0 \qquad (C.26)$$

$$
\begin{aligned}
-L^0 \quad & \equiv \Re \int A_{0,0,r}^{E \times B,-1}(\phi_{-1},f_0)f_0^* d^3v \\
& + \Re \int A_{0,0,r}^{E \times B,+1}(\phi_{+1},f_0)f_0^* d^3v
\end{aligned}
\qquad (C.27)
$$

$$
\begin{aligned}
-G^0 \quad & \equiv \Re \int A_{1,-1,r}^{E \times B}(\phi_1,f_{-1})f_0^* d^3v \\
& + \Re \int A_{2,-2,r}^{E \times B,-1}(\phi_{+1},f_{-2})f_0^* d^3v \\
& + \Re \int A_{-2,2,r}^{E \times B,+1}(\phi_{-1},f_2)f_0^* d^3v
\end{aligned}
\qquad (C.28)
$$

C.2   Qu'est-ce qui manque ?

Les termes qui ne sont pas pris en compte dans *le calcul des diagnostics* (mais sont bien pris en compte dans la simulation) sont :

1. Le terme de collision

2. L'approximation $B = B^*$

3. L'approximation $J_0 = 1$

Ils constituent une entropie perdue qui fait une différence entre la somme des termes et la dérivée temporelle de l'entropie. Pour déterminer l'origine de ces différences, on a effectué des calculs sans collision par exemple. On ne trouve pas que les collisions tiennent une place importante dans ce gap.

C.3   Remarques sur l'absence de transferts binaires

D'habitude, lorsque l'on considère des transferts entre trois modes, on ne peut pas donner de sens immédiat aux transferts énergétiques de la forme $T(a \to b) = -T(b \to a)$. Cependant, on peut établir des « conservations », des équations qui relient les transferts et sont de la forme $T(a, b, c) + T(b, c, a) + T(c, a, b) = 0$.

Ici, on ne peut pas non plus faire cela pour au moins deux raisons : la dépendance radiale et le fait que ϕ et f sont en jeu. Ce dernier argument n'est sans doute pas valable si on relie directement ϕ à f par la quasi-neutralité.

Le premier cependant me semble valable. Pour se faire une idée des conservations, il faut tout d'abord englober les choses les plus grandes possibles. Ainsi, on part de la conservation totale de l'énergie :

$$\partial_t E_{tot} = \partial_t \sum_{m,n,r} f_{m,n}^2(r) = S + D \tag{C.29}$$

A partir de là, en négligeant $S + D$, on peut découper notre somme en deux morceaux, A et B.

$$\partial_t \sum_{(m,n,r) \in A} f_{m,n}^2(r) = -\partial_t \sum_{(m,n,r) \in B} f_{m,n}^2(r) \tag{C.30}$$

Et si on parvient à calculer explicitement, et séparément les termes de transferts $T(A \to B)$ et $T(B \to A)$, on pourra vérifier que $T(A \to B) + T(B \to A) = 0$.

Mais cette égalité tombe dès que l'on considère que les sources et les dissipations ne sont pas au même endroit par exemple.

On comprend alors que l'on ne peut écrire d'équation de conservation individuelle. Eventuellement, on pourrait écrire des équations radiales : $\partial_t E(r) + \nabla.\Gamma = S + D$, avec Γ un flux radial, qui n'est pas sans rappeler les équations primaires de Kolmogorov (4.2). Pour l'instant, il faut encore choisir de manière pertinente l'expression de ce flux, $v_r E(r)$? Cela peut éventuellement se développer en différents morceaux si on veut isoler des parties spécifiques du spectre :

$$\partial_t E_A(r) + \nabla.\Gamma_A(r) + T(A \to B)(r) = S_A(r) + D_A(r) \tag{C.31}$$

$$\partial_t E_B(r) + \nabla.\Gamma_B(r) + T(B \to A)(r) = S_B(r) + D_B(r) \tag{C.32}$$

$$\tag{C.33}$$

La conclusion de cette petite réflexion est qu'il est difficile de conserver l'idée simple qu'un transfert d'énergie est un transfert de A vers B et que l'énergie gagnée par A est exactement celle perdue par B. Les transferts sous forme de triades et l'importance des transferts radiaux qui n'apparaissent pas directement dans ce formalisme ne sont pas à oublier.

C.4 Transport radial : rôle du terme de courbure

En terme de transport radial direct de la forme on cherche à relier directement la dérivée temporelle de f à un gradient radial en f ou ϕ. ϕ est à son tour relié à f assez directement via l'équation de quasi-neutralité. Pour trouver une source de transfert radial, on cherche un terme de la forme :

$$\partial_t f_k = A\partial_r f_k + B\partial_r \phi_k \tag{C.34}$$

Cependant, on garde en tête que $\phi/eT \ll 1$. Donc le second terme sera sans doute plus important que le premier.

On peut déjà trouver de tels termes dans le termes non-linéaires $E \times B$

$$(E \times B) : \frac{i}{B_0 b_0^2 r} \sum_{p+q=k} \partial_r \phi_p q f_q f_k^* - p\phi_p \partial_r f_q f_k^* \tag{C.35}$$

$$(E \times B_{-1}) : +\frac{i}{B_0 b_0^2 R_0} \sum_{p+q=k} \partial_r \phi_{p-1} q f_q f_k^* - (p-1)\phi_{p-1} \partial_r f_q f_k^* \tag{C.36}$$

$$(E \times B_{+1}) : +\frac{i}{B_0 b_0^2 R_0} \sum_{p+q=k} \partial_r \phi_{p+1} q f_q f_k^* - (p+1)\phi_{p+1} \partial_r f_q f_k^* \tag{C.37}$$

Notons d'abord que le terme $E \times B$ majoritaire (sans les termes ± 1 qui font intervenir r/R_0) ne peut contribuer à un tel transfert :

$$(E \times B)_{(p=0,q=k)} \ : \ p\phi_p \partial_r f_q f_k^* = 0 \tag{C.38}$$

Il faut alors se tourner vers les termes en r/R_0 :

$$\begin{aligned}
2\partial_t |f_k|^2 &= f_k^* \partial_t f_k + f_{-k}^* \partial_t f_{-k} && \text{(C.39)}\\
f_k^* \partial_t f_k &= (E \times B_{-1})^k_{(q=k)} + (E \times B_{+1})^k_{(q=k)} \\
&= \frac{ir}{R_0} \left(\partial_r \phi_{-1} k f_k f_k^* + \phi_{-1} \partial_r f_k f_k^* + \partial_r \phi_{+1} k f_k f_k^* - \phi_{+1} \partial_r f_k f_k^* \right) \\
&= \frac{ir}{R_0} \left(2k|f_k|^2 \partial_r \Re(\phi_1) + \phi_{-1} \partial_r f_k f_k^* - \phi_{+1} \partial_r f_k f_k^* \right) && \text{(C.40)}\\
2\partial_t |f_k|^2 &= \frac{ir}{R_0} \left(\phi_{-1} \partial_r f_k f_k^* - \phi_{+1} \partial_r f_k f_k^* \right) + \frac{-ir}{R_0} \left(\phi_{+1} \partial_r f_k^* f_k - \phi_{-1} \partial_r f_k^* f_k \right) \\
&= \frac{ir}{R_0} (\phi_{-1} - \phi_{+1})(\partial_r f_k f_k^* + \partial_r f_k^* f_k) \\
&= \frac{4r}{R_0} \Im(\phi_{+1}) \partial_r |f_k|^2 && \text{(C.41)}
\end{aligned}$$

Il s'agit donc d'un terme de transport radial d'un mode directement sur le rayon voisin par le biais de la partie sinusoïdale du mode $\phi_{(1,0)}$, donc les GAMs. L'implication de cet effet est encore à quantifier et détailler.

Qu'en est-il des termes en ϕ_k ?

$$
\begin{aligned}
f_k^* \partial_t f_k &= (E \times B_{-1})_{(p-1=k)}^k + (E \times B_{+1})_{(p+1=k)}^k \\
&= \frac{ir}{R_0} \left(\partial_r \phi_k(-1) f_{-1} f_k^* - k\phi_k \partial_r f_{-1} f_k^* + \partial_r \phi_k(1) f_{+1} f_k^* - k\phi_k \partial_r f_{+1} f_k^* \right) \\
&= \frac{ir}{R_0} \left(\partial_r \phi_k(f_{+1} - f_{-1}) f_k^* - k\phi_k \partial_r (f_{+1} + f_{-1}) f_k^* \right) \qquad \text{(C.42)} \\
2\partial_t |f_k|^2 &= \frac{ir}{R_0} \left(\partial_r \phi_k(f_{+1} - f_{-1}) f_k^* - k\phi_k \partial_r (f_{+1} + f_{-1}) f_k^* \right) \\
&+ \frac{-ir}{R_0} \left(\partial_r \phi_k^*(-f_{+1} + f_{-1}) f_k - k\phi_k^* \partial_r (f_{+1} + f_{-1}) f_k \right) \\
&= \frac{4r}{R_0} \left(-\Im(f_{+1})\Re(\partial_r \phi_k f_k^*) + k\Re(f_{+1})\Im(\phi_k f_k^*) \right) \qquad \text{(C.43)}
\end{aligned}
$$

Ce terme est plus dur à interpréter.

Notons que si formellement ces termes (C.41) et (C.43) semblent jouer un rôle important, ils ont été mesurés dans nos simulations. Ils sont tout à fait négligeables. Le rapport transport radial / Excitation linéaire $\approx 0.05 \ll 1$, donc ils seront négligeable devant le transport radial dû à une avalanche "domino", qui alterne turbulence et excitation linéaire de l'instabilité ITG.

Bibliographie

Abiteboul, J. (2012). Transport turbulent et néoclassique de quantité de mouvement toroïdale dans les plasmas de tokamak. *Thesis*, pages 1–128.

Barnes, M., Parra, F., and Schekochihin, A. (2011). Critically Balanced Ion Temperature Gradient Turbulence in Fusion Plasmas. *Physical Review Letters*, 107(11).

Bavassano, B., Dobrowolny, M., Mariani, F., and Ness, N. F. (1982). Radial evolution of power spectra of interplantary Alfvénic turbulence. *J. Geophys. Res.*, 87 :3616.

Boldyrev, S., Perez, J., Borovsky, J., and Podesta, J. (2011). Spectral scaling laws in MHD turbulence simulations and in the solar wind. *Arxiv preprint arXiv :1106.0700*.

Breech, B., Matthaeus, W. H., Cranmer, S. R., Kasper, J. C., and Oughton, S. (2009). Electron and proton heating by solar wind turbulence. *Journal of Geophysical Research*, 114(A9) :A09103.

Chen, C. H. K., Mallet, A., Schekochihin, A. A., Horbury, T. S., Wicks, R. T., and Bale, S. D. (2012). Three-dimensional Structure of Solar Wind Turbulence. *The Astrophysical Journal*, 758 :120.

Cranmer, S. R., Matthaeus, W. H., Breech, B. A., and Kasper, J. C. (2009). Empirical Constraints on Proton and Electron Heating in the Fast Solar Wind. *The Astrophysical Journal*, 702 :1604.

Dasso, S., Milano, L. J., Matthaeus, W. H., and Smith, C. W. (2005). Anisotropy in Fast and Slow Solar Wind Fluctuations. *The Astrophysical Journal*, 635 :L181.

Desnyansky, V. N. and Novikov, E. A. (1974). Simulation of cascade processes in turbulent flows. *Prikladnaia Matematika*, 38 :507.

Diamond, P. H., Itoh, S.-I., and Itoh, K. (2005). Zonal flows in plasma—a review. *Plasma Physics and …*.

Dif-Pradalier, G., Diamond, P. H., Grandgirard, V., Sarazin, Y., Abiteboul, J., Garbet, X., Ghendrih, P., Strugarek, A., Ku, S., and Chang, C. S. (2010). On the validity of the local diffusive paradigm in turbulent plasma transport. *Physical Review E*, 82(2) :025401.

Forman, M. A., Wicks, R. T., and Horbury, T. S. (2011). Detailed Fit of "Critical Balance" Theory to Solar Wind Turbulence Measurements. *The Astrophysical Journal*, 733 :76.

Frieman, E. A. and Chen, L. (1981). Nonlinear gyrokinetic equations for low-frequency electromagnetic waves in general plasma equilibria. *PPPL*.

Garbet, X. (2002). Instabilités, turbulence, et transport dans un plasma magnétisé. *HDR*.

Garbet, X., Idomura, Y., Villard, L., and Watanabe, T. H. (2010). Gyrokinetic simulations of turbulent transport. *Nuclear Fusion*, 50(4) :043002.

Garbet, X., Sarazin, Y., Beyer, P., Ghendrih, P., Waltz, R. E., Ottaviani, M., and Benkadda, S. (2002). Flux driven turbulence in tokamaks. *Nuclear Fusion*, 39(11Y) :2063–2068.

Gledzer, E. B. (1973). System of hydrodynamic type admitting two quadratic integrals of motion. *Soviet Physics Doklady*, 18 :216.

Gloaguen, C., Léorat, J., Pouquet, A., and Grappin, R. (1985). A scalar model for MHD turbulence. *Physica D : Nonlinear Phenomena*, 17 :154.

Goldreich, P. and Sridhar, S. (1995). Toward a theory of interstellar turbulence. 2 : Strong alfvenic turbulence. *Astrophysical Journal*, 438 :763.

Grandgirard, V. and Sarazin, Y. (2012). Gyrokinetic Simulations of Magnetic Fusion Plasmas. -, pages 1–94.

Grandgirard, V., Sarazin, Y., Garbet, X., Dif-Pradalier, G., Ghendrih, P., Crouseilles, N., Latu, G., Sonnendrücker, E., Besse, N., and Bertrand, P. (2006). GYSELA, a full-f global gyrokinetic Semi-Lagrangian code for ITG turbulence simulations. *AIP Conf. Proc.*, 871 :100–111.

Grappin, R. (1996). Onset of anisotropy and Alfven waves turbulence in the expanding solar wind. In Winterhalter, D., Gosling, J. T., Habbal, S. R., Kurth, W. S., and Neugebauer, M., editors, *American Institute of Physics Conference Series*, pages 306–309.

Grappin, R., Leorat, J., and Pouquet, A. (1983). Dependence of MHD turbulence spectra on the velocity field-magnetic field correlation. *Astronomy and Astrophysics (ISSN 0004-6361)*, 126 :51.

Grappin, R., Mangeney, A., and Marsch, E. (1990). On the origin of solar wind MHD turbulence - HELIOS data revisited. *Journal of Geophysical Research (ISSN 0148-0227)*, 95 :8197.

Grappin, R. and Müller, W.-C. (2010). Scaling and anisotropy in magnetohydrodynamic turbulence in a strong mean magnetic field. *Physical Review E*, 82 :26406.

Grappin, R., Müller, W.-C., Verdini, A., and Gürcan, Ö. (2013). Three-dimensional Iroshnikov-Kraichnan turbulence in a mean magnetic field. *ArXiv e-prints*.

Grappin, R. and Velli, M. (1996). Waves and streams in the expanding solar wind. *Journal of Geophysical Research*, 101 :425.

Grappin, R., Velli, M., and Mangeney, A. (1991). 'Alfvenic' versus 'standard' turbulence in the solar wind. *Annales Geophysicae (ISSN 0939-4176)*, 9 :416.

Grappin, R., Velli, M., and Mangeney, A. (1993). MHD simulations of solar wind turbulence in comobile coordinates. *ESA Proceedings*, WPP-047 :325.

Gürcan, Ö. D., Garbet, X., Hennequin, P., Diamond, P. H., Casati, A., and Falchetto, G. L. (2009). Wave-Number Spectrum of Drift-Wave Turbulence. *Physical Review Letters*, 102 :255002.

Hahm, T. S. (1988). Nonlinear gyrokinetic equations for tokamak microturbulence. *PPPL*.

Horton, W. (1999). Drift waves and transport. *Rev.Mod.Phys.*, 71 :735–778.

Idomura, Y., Urano, H., Aiba, N., and Tokuda, S. (2009). Study of ion turbulent transport and profile formations using global gyrokinetic full- fVlasov simulation. *Nuclear Fusion*, 49(6) :065029.

Iroshnikov, P. S. (1963). Turbulence of a Conducting Fluid in a Strong Magnetic Field. *Astronomicheskii Zhurnal*, 40 :742.

Kolmogorov, A. (1941). The local structure of turbulence in incompressible viscous fluid for very large Reynolds numbers. *Dokl. Akad. Nauk SSSR*.

Kraichnan, R. H. (1965). Inertial-Range Spectrum of Hydromagnetic Turbulence. *Physics of Fluids*, 8 :1385.

Marsch, E. and Tu, C.-Y. (1990). On the radial evolution of MHD turbulence in the inner heliosphere. *Journal of Geophysical Research*, 95 :8211–8229.

Matteini, L., Landi, S., Hellinger, P., and Velli, M. (2006). Parallel proton fire hose instability in the expanding solar wind : Hybrid simulations. *Journal of Geophysical Research*, 111 :10101.

Matthaeus, W. H., Goldstein, M. L., and Roberts, D. A. (1990). Evidence for the presence of quasi-two-dimensional nearly incompressible fluctuations in the solar wind. *Journal of Geophysical Research (ISSN 0148-0227)*, 95 :20673.

Matthaeus, W. H., Servidio, S., Dmitruk, P., Carbone, V., Oughton, S., Wan, M., and Osman, K. T. (2012a). Local Anisotropy, Higher Order Statistics, and Turbulence Spectra. *arXiv.org*.

Matthaeus, W. H., Servidio, S., Dmitruk, P., Carbone, V., Oughton, S., Wan, M., and Osman, K. T. (2012b). Local Anisotropy, Higher Order Statistics, and Turbulence Spectra. *The Astrophysical Journal*, 750 :103.

Müller, W.-C. and Grappin, R. (2005). Spectral Energy Dynamics in Magnetohydrodynamic Turbulence. *Physical Review Letters*, 95(11).

Nakata, M., Watanabe, T. H., and Sugama, H. (2012). Nonlinear entropy transfer via zonal flows in gyrokinetic plasma turbulence. *Physics of Plasmas (1994- …*.

Ng, C. S., Bhattacharjee, A., Munsi, D., Isenberg, P. A., and Smith, C. W. (2010). Kolmogorov versus Iroshnikov-Kraichnan spectra : Consequences for ion heating in the solar wind. *Journal of Geophysical Research*, 115 :02101.

Parker, E. N. (1958). Dynamics of the Interplanetary Gas and Magnetic Fields. *Astrophysical Journal*, 128 :664.

Plunian, F., Stepanov, R., and Frick, P. (2013). Shell models of magnetohydrodynamic turbulence. *Physics Reports*, 523(1) :1–60.

Podesta, J. J. (2011). On the energy cascade rate of solar wind turbulence in high cross helicity flows. *Journal of Geophysical Research*, 116(A) :05101.

Podesta, J. J., Roberts, D. A., and Goldstein, M. L. (2007). Spectral Exponents of Kinetic and Magnetic Energy Spectra in Solar Wind Turbulence. *The Astrophysical Journal*, 664 :543.

Robbrecht, E. and Wang, Y.-M. (2010). The Temperature-dependent Nature of Coronal Dimmings. *The Astrophysical Journal Letters*, 720 :L88.

Salem, C. (2000). Ondes, turbulence et phénomènes dissipatifs dans le vent solaire à partir des observations de la sonde WIND. *Thesis*, pages 1–320.

Salem, C., Mangeney, A., Bale, S. D., and Veltri, P. (2009). Solar Wind Magnetohydrodynamics Turbulence : Anomalous Scaling and Role of Intermittency. *The Astrophysical Journal*, 702 :537.

Sarazin, Y. (2011). Cours du master Sciences de la Fusion, Turbulence et Transport. *Cours*, pages 1–191.

Sarazin, Y. and Ghendrih, P. (1998). Intermittent particle transport in two-dimensional edge turbulence. *Physics of Plasmas*, 5(12) :4214–4228.

Sarazin, Y., Grandgirard, V., Abiteboul, J., Allfrey, S., Garbet, X., Ghendrih, P., Latu, G., Strugarek, A., and Dif-Pradalier, G. (2010). Large scale dynamics in flux driven gyrokinetic turbulence. *Nuclear Fusion*, 50(5) :054004.

Schekochihin, A. A., Cowley, S. C., Dorland, W., Hammett, G. W., Howes, G. G., Plunk, G. G., Quataert, E., and Tatsuno, T. (2008). Gyrokinetic turbulence : a nonlinear route to dissipation through phase space. *Plasma Physics and Controlled Fusion*, 50(12) :124024.

Schwenn, R. and Marsch, E. (1990). *Physics of the Inner Heliosphere I. Large-Scale Phenomena*. Springer-Verlag.

Strugarek, A. (2012). Turbulence, transport et confinement : des tokamaks au magnétisme des étoiles. *Thesis*, pages 1–266.

Strugarek, A., Sarazin, Y., Zarzoso, D., Abiteboul, J., Brun, A. S., Cartier-Michaud, T., Dif-Pradalier, G., Garbet, X., Ghendrih, P., Grandgirard, V., Latu, G., Passeron, C., and Thomine, O. (2013). Ion transport barriers triggered by plasma polarization in gyrokinetic simulations. *Plasma Physics and Controlled Fusion*, 55(7) :074013.

Tenerani, A. and Velli, M. (2013). Parametric decay of radial alfvén waves in the expanding accelerating solar wind. *Journal of Geophysical Research : Space Physics*, 118 :7507.

Tu, C.-Y., Pu, Z.-Y., and Wei, F.-S. (1984). The power spectrum of interplanetary Alfvenic fluctuations Derivation of the governing equation and its solution. *Journal of Geophysical Research (ISSN 0148-0227)*, 89 :9695.

Velli, M. (1994). From supersonic winds to accretion : Comments on the stability of stellar winds and related flows. *Astrophysical Journal*, 432 :L55.

Wang, Y.-M., Hawley, S. H., and Sheeley, N. R. (1996). The Magnetic Nature of Coronal Holes. *Science*, 271 :464.

Wang, Y.-M., Ko, Y.-K., and Grappin, R. (2009). Slow Solar Wind from Open Regions with Strong Low-Coronal Heating. *The Astrophysical Journal*, 691 :760.

Weber, E. J. and Davis, L. (1967). The Angular Momentum of the Solar Wind. *Astrophysical Journal*, 148 :217.

Wicks, R., Horbury, T., Chen, C., and Schekochihin, A. (2011). Anisotropy of Imbalanced Alfvénic Turbulence in Fast Solar Wind. *Physical Review Letters*, 106(4) :45001.

Zarzoso, D. (2012). Kinetic description of the interaction between energetic particles and waves in fusion plasmas. *Thesis*, pages 1–152.

Zarzoso, D., Sarazin, Y., Garbet, X., Dumont, R., Strugarek, A., Abiteboul, J., Cartier-Michaud, T., Dif-Pradalier, G., Ghendrih, P., Grandgirard, V., Latu, G., Passeron, C., and Thomine, O. (2013). Impact of Energetic-Particle-Driven Geodesic Acoustic Modes on Turbulence. *Physical Review Letters*, 110(12) :125002.

www.ingramcontent.com/pod-product-compliance
Lightning Source LLC
Chambersburg PA
CBHW021058210326
41598CB00016B/1253